重庆市艺术科学研究规划重点项目　项目批准号：22ZD04

形·空间

SHAPE · SPACE

——人居环境
空间设计

SPACE DESIGN OF HUMAN
SETTLEMENT ENVIRONMENT

杨吟兵　方凯伦　著

中国纺织出版社有限公司

序言 PREFACE

老子在《道德经》里谈道:"埏埴以为器,当其无,有器之用。凿户牖以为室,当其无,有室之用。故有之以为利,无之以为用。"世上大部分的"有用",都藏在"无用"之中。在我们的生活中,形与空间都是不可或缺的元素。它们相辅相成,共同构成了我们身处的世界。"无用之用,是为大用",没有用到的部分、看似无用的部分,决定了"有用"的广度、深度、厚度。"无用"的形塑造出"有用"的空间,形不仅是物质表象的基础,更是人们感知、理解世界的一种方式。本书以"形"为切入点,深入探讨了形与空间之间的关系。通过对形状、形态和形境的层次化探究,理解和感知环境空间的多重概念与意义。

本书内容丰富,以"形"的视角入手,对环境空间的形式演变与内涵表达进行探讨,详细阐述了环境空间从二维到三维再到四维的形式演变与内涵表达。我们将国内外众多优秀的案例融入书中进行讲解,这些案例不仅涵盖建筑设计、室内设计、景观设计、园林设计、视觉传达设计、公共艺术设计等各个领域,而且具有很高的代表性,可以为读者拓展视野并提供灵感启示。同时,我们还结合各种实际应用场景,详细介绍了形式演变和内涵表达的各个环节,旨在帮助读者更好地掌握空间设计的核心要素和技术方法,展现空间设计的精髓和美学价值的创造性理念。

希望本书能够对高等院校建筑学和设计学专业师生及相关从业人员、研究者、空间爱好者的学习和研究有所启迪,帮助读者更深刻地理解形与空间之间的关系,创造出更加美好的环境和空间。

2023年7月于四川美术学院虎溪公社

目录

1

第一章

何为“形”

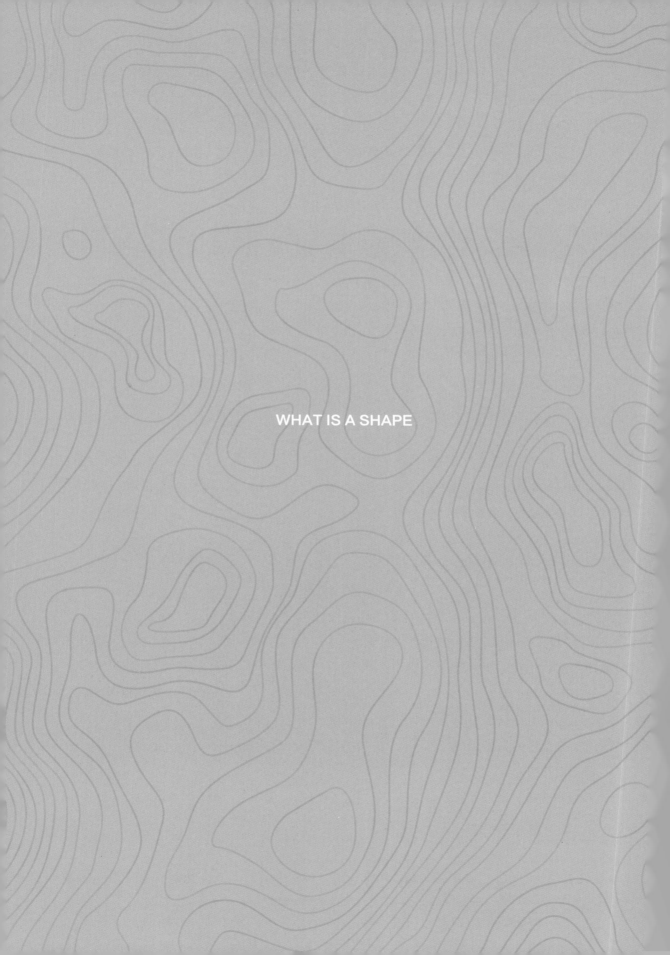

WHAT IS A SHAPE

"形"是感知世界与认知思维的启蒙老师。无论是在当下，还是在过去，人们（尤其是6岁以后的人类）基本都习惯通过语言和文字来记言记事与表情达意。1969年，美国著名美学家、格式塔心理学代表人物鲁道夫·阿恩海姆在《视觉思维》中说道："时至今日，我们的整个教育系统仍然建立在对语词和数字的研究上。只有在幼儿园中，儿童们的学习才是通过观看和制造某些美的形状（或是用图片，或是用泥土发明形状）进行的，这无疑是通过感知进行的思维。然而一旦孩子们踏进小学一年级，这种对感知的训练便失去了在教育中应有的位置。"[1]2000年，中国美育理论家杜卫教授在《美育论》中写道："0～2岁的孩子能够对艺术作品做感知层面的接受。""3～6岁的学龄前儿童能够即兴式的艺术创作与欣赏。"[2]确实，在人类降生之初，接触最多的就是"形"，最早的文字也是由"形"演变而来的。为此，我们开始反思，或许"形"拥有更加闳深的研究价值。

第一节　"形"的基本认知

认知，是指人们获得知识或应用知识的过程，抑或是指信息加工的过程，它是人类了解某种知识前最基本的工作。它的形成包括了感觉、知觉、注意、记忆、想象、情感、理解等诸多要素，需要人脑在接受外界输入的信息的前提下，经有意识的加工与处理，最终转换成内在的心理活动，进而支配人类的思维与行为。而"形"作为本章节的研究主体，也需要从接受外界信息入手，逐一剖析其概念、定义、内涵演变及其他延伸。

一、"形"的多层定义

"形"是一个古字，汉代许慎在《说文解字》中曾曰："形，象也。"清代学者段玉裁在《说文解字注》中对它做了进一步注解："形，象也。各本作象形也。象当作像，谓像似可见者也。人部曰：像，似也。似，像也。形容谓之形，因而形容之亦谓之形。"段玉裁认为"形"不仅涵盖了所有视觉可见的自然形象、社会形象、人造形象等，如天象、地象、人像、景象、物象等，还包括了思想、概念、数字、情感等能表现、比喻、象征出来的形象。

随着时代的进步，学界对"形"的解释也日臻多元。在2016年湖南教育出版社出版的《新编现代汉语词典》中，便赋予了"形"字以下五种含义：第一：形状、样子。即物体或图形

---

[1] 鲁道夫·阿恩海姆：《视觉思维》，滕守尧译，北京：光明日报出版社，1986年，第46页。
[2] 杜卫：《美育论》（第2版），北京：教育科学出版社，2014年，第273页。

呈现的外貌，如方形、圆形、三角形、多边形、自由形等。第二：形体、实体。即任意人与物的形状和结构，如物体、人体等。第三：表现、表露。即事或物的表现形式或表现内容的方式，如形态、形式、喜怒不形于色等。第四：对照、比较。如相形见绌、长短相形等。第五：姓。❶多种含义的"形"在英文里的翻译也有相应对照，如appear、body、compare、entity、form、look、shape等。

二、"形"的内涵延伸

"形"在古文中出现最多的含义为形象，如自然形象、人物形象、生活形象、艺术形象等，即《说文解字》中的本意。在《周易·系辞上》的第一章第一段中有云："在天成象，在地成形，变化见矣。"意为日、月、星、辰、风、霜、雨、雪是在天上形成的形象；山、川、土、石、鸟、兽、草、木是在地面形成的形象，它们错综复杂，变化万千，却又都是可以看见的形象。❷东汉时期，文学家、书法家蔡邕在《郭有道碑文》中写道："于时缨緌之徒、绅珮之士，望形表而影附。"意为在当时那些头顶冠带与冠饰、束腰绅珮的有身份的人，看到先生的形象后如影附身，对他形影不离，依附得很紧。战国时期，由刘向编订的《战国策·齐策四》中写到"士生乎鄙野，推选则禄焉，非不得尊遂也，然而形神不全。"意为士人出生于偏远之地，倘若被推选而加官晋爵，并不是说做官了不尊贵，而是他作为士人本来的形象与精神就很难继续保持了。

"形"与"神"在中国古代常被用于美学或哲学的范畴，两者相辅相成、相得益彰，如"形具而神生""神寓于形"等。在《易经·系辞上》第十二章中则提出："形而上者谓之道，形而下者谓之器。"其意思是抽象于形体之上的是事物的性质、规律、关系、意义等道理，把抽象的道理具体成各行各业各个层面的人们所需要的器具和制度。把道理、器具等加以剪裁、变化，然后推演、实行，就可以克服形形色色的困难，清除各种各样的障碍，使事业为之通达。而战国思想家孙卿在《荀子·非相》中则认为"故相形不如论心"，其意思是说事物的性质、规律、关系等更内在和更本质的意义，可能表现出来，也可能掩盖起来，仅靠观察表面现象来找出事物的本质是相当困难的，不如把精力集中在事物的本质、规律、关系的探讨中。为此，现代教育家、理论家尹定邦先生在《图形与意义》中就对该观点进行了思考，他认为每个事物都有表里之分，没有表就没有里，人们只能通过表象来探讨事物的性质、规律与关系，这就需要经验、知识、方法和智慧的帮助，从而打通认知的道路。

当然，在许多前人的著作中，我们发现"形"字的含义也有被逐步细化或具化的地方。其

---

❶ 字词语辞书编研组：《新编现代汉语词典》，长沙：湖南教育出版社，2016年，第1416页。
❷ 尹定邦：《图形与意义》，长沙：湖南科学技术出版社，2001年，第15页。

中,"有形之物"便是其细化的含义之一。所谓"有形之物",即任何有形的实体,天下万物都有其与生俱来的一种具象而特定的外在表现,如《庄子·天地》篇中提到的"物成生理谓之形。"《孟子》篇中提到的"形色天性也。"《史记·太史公自序》篇中提到的"形者,生之具也。"等。宋末元初时期,文学家戴表元在《剡源集·孟子反不代章》中写道:"如造化之于万物,大而大容之,小而小养之,形形色色,无所遗弃。"其中的"形形色色"指的便是各种形体与颜色,后用来形容事物种类繁多、各式各样。唐代文学家、哲学家、思想家韩愈在《祭十二郎文》中言:"吾上有三兄,皆不幸早逝,承先人后者,在孙惟汝,在子惟吾,两世一身,形单影只。"此处的"形"则指代身体,意为我的三个兄长都不幸地去世了,继承先父的后代,在孙子辈里只有你,在儿子辈里只有我,韩家子孙两代各剩一人,只有自己的身体和自己的影子做伴,孤孤单单。在中国长篇章回体历史小说《三国演义》中,罗贯中先生在第二十九回中写到"夫人见策形容憔悴,泣曰:'儿失形矣!'"其中的"形"则指身体,即身体瘦弱,面色枯黄。

"形物之表现"则是"形"细化的另一层含义。东晋时期,著名书法家王羲之在《兰亭集序》中言:"夫人之相与,俯仰一世,或取诸怀抱,悟言一室之内;或因寄所托,放浪形骸之外。"意为人与人相互交往,很快便度过一生。有的人在室内畅谈自己的胸怀抱负;有的人就着自己所爱好的事物,寄托自己的情怀,不受身体表现出来的种种动作、行为的约束。清初诗人、戏曲家孔尚任在《桃花扇·却奁》中写道:"圆老故交虽多,因其形迹可疑,亦无人代为分辨。"此处的"形"是指人表现出来的状态或迹象。中国著名文学家、思想家鲁迅先生在《〈出关〉的"关"》中写道:"但若形诸笔墨,昭示读者,自以为得了这作品的魂灵,却未免象(像)后街阿狗的妈妈。"其中,"形诸笔墨"指的便是用笔墨把它描写或表现出来。

除"形物之表现"外,"形"还经常表现某种景象或现象的"势"。战国教育家、思想家孙卿在《荀子·强国》中写道:"其国塞险,形势便,山林川谷美,天材之利多,是形胜也。"西汉史学家、文学家司马迁在《史记》中也写道:"秦,形胜之国也。"这里的"形胜"指的便是地势优越便利,即地理形势有利的地方。将"形"表示为"形势"的古文还有很多,如《史记·孙膑传》篇中提到的"夫解杂乱纷纠者不控卷,救斗者不搏撠,批亢捣虚,形格势禁,则自为解耳。"该句意为排解双方的争斗,不能用拳脚将他们打开,更不能出手帮着一方打,只能因势利导,出其不意,紧张的形势受到禁锢,就自然会解除。类似的还有北宋著名文学家、书画家、美食家苏轼在《张文定公墓志铭》中提到的"屯重兵河东,示以形势,贼人寇必自延渭而兴州,巢穴之守必虚,我师自麟府渡河,不十日可至。此所谓攻其所必救,形格势禁之道也。"现代教育家谢觉哉先生在《冷和热》中提到的"(热)可以逼得喜冷的人也热起来,形势逼人,不热不可。"等。

第二节 "形"在空间中的演变

"空间"是一个很难解释的名词，柏拉图认为几何是一种空间科学，亚里士多德认为空间为所有场所的总和，具备可视性与可认知性。随着人类文明的持续发展，空间既是物体存在运动之所在，又是万物存在的基本形式，它不仅包含物质的围合关系，还涉及精神、美学、哲学等非物质层面。形作为视觉艺术的基础表象，在空间的形成与创造中起着至关重要的作用。

一、从具象到抽象

形是形成物质的外在形状，它的出现伴随地球始初的点滴，如天空、山川、河流、植物、动物、劳作场景等，具有较强的可见性与可识别性。在前文字时期，人类主要依靠信号、结绳、图画、锲刻、肢体语言的方式来传达信息。图画是当时最为流行且表意最为直接的方式，先民们用质朴的图画记录自己的思想、情感、活动、成就等。因此，图画也就成了古时"形"最主要的表现形式，如洞穴艺术、图腾样式、工艺纹样、建筑装饰、象形符号等。由于这些"形"具备强烈的传播与教化等功能，因而造型具象、图案直白，便于大众解读。此外，图案也是"形"的一个重要表现形式，常指对某种器物的造型、色彩、纹饰进行工艺处理而事先设计的施工方案图。中国汉代著名的图案印（又称象形印），便是一种刻铸有人物、动物等具象图案的取材多样、生动简练的传统手工艺。

而后，伴随手工业文明的蓬勃发展，复杂的图案或图画难以适应模式化、高效化的生活需求与环境空间，"形"逐步由具象转向抽象，尤其是在唐宋时期，几何纹样和简易图形成为当时空间中"形"的主流表达。几何纹样即指用各种直线、曲线以及圆形、三角形、方形、菱形等构成规则或不规则的多用于装饰的"形"，应用范围较广，如方形隔断、圆形花罩、扇形窗框、直线与曲线组合的铺装等。相对于具象的"形"，抽象的"形"更易于体现时代精神，形式感强、简洁明快等视觉特征更富于装饰性和象征性。[1]

二、从二维到三维

随着手工技艺的不断精进，"形"慢慢从平面关系转向立体关系或空间关系。不再拘泥于相对平面化的形状或图形，"形"开始往更加多维的形体或形态中延展。如同雕刻技法，皆是从原始的平雕或浮雕逐渐拓展至平雕、浮雕、半浮雕、圆雕的多样共生，并能合理融入空间的结构中。在1980年出版的《辞海·艺术分册》中，对图案的含义又新增了一条见解，即对于某

---

[1] 魏洁，王枫：《图形·空间·艺术——艺术设计丛书》，南京：东南大学出版社，2003年，第13页。

些只有造型结构、没有装饰纹样的器物，如某些木器家具等，亦将其列入图案范畴，有时称为"立体图案"。

到了近代，随着科学技术的持续进步，现代主义建筑运动应运而生。为了适应新的社会需要，建筑师与设计师们在空间设计中常遵循"少即是多""装饰即罪恶""形式追随功能"等原则，他们在"形"的创作标准上不仅要求其形状简约，还要求其能满足各种空间功能。然而，空间最主要的功能是容纳，无论空间大小，最基本的就是它的使用性，正如老子在《道德经》中所言"凿户牖以为室，当其无，有室之用，故有之以为利，无之以为用。"与"可见"不同，"可用"多立足于三维空间中，它比"可见"更具立体性、实用性、多效性。因此，"形态"一词频繁出现在"空间"的领域里，人们还惯性地将二者进行联用，如"空间形态""形态空间"等。

三、从三维到四维

在常规空间中，"形"通常会综合运用如形状、质感、比例、尺度、色彩、组织等设计艺术语言直接诉诸视觉及其思想。如果说三维的"形"是立体空间里具有长、宽、高尺度的相对物化的形态表象，那么四维的"形"则是在其基础之上添了些许文化、情境、时间、运动等特色的有意识的形境表达。

20世纪40~60年代，现代主义国际式风格风靡全球，城市中一栋栋重复的"方盒"建筑崛地而起，空间设计日趋标准化、工业化、机械化，过渡的理性化与大众化必然会激发新风格的诞生。20世纪60年代，提倡非理性化、人本主义、历史主义、文脉主义、隐喻主义与多样复杂性的后现代主义风格应运而生。在美国后现代主义建筑理论家罗伯特·文丘里的《建筑的复杂性与矛盾性》的第三章中明确写道："建筑的复杂性与矛盾性同样涉及形式与内容，把形式与内容看作建筑设计与结构的现象，首先是关于方法以及感觉和艺术真正意义中所固有的矛盾，即意象与现象并存所产生的复杂性与矛盾性。"[1]在当代空间设计中，建筑师或设计师们除了需要结合新时代新形式进行空间形状或形态创造外，还会更加主观地赋予空间对象相应的形象或形境，从而提升空间的内涵层次与精神境界。

第三节 "形"的几个重要意义

"形"作为一种直观的视觉语言，需要通过美好的造型、艺术的构图、丰富的寓意等要素

---

[1] 罗伯特·文丘里：《建筑的复杂性与矛盾性》，周卜颐译，南京:江苏科学技术出版社，2017年，第29页。

来展现其独特的视觉魅力，它集文化、内容、形式、美感、观念、意境等于一体，是一种有目的、有思想的符号创造。新时代是一个持续创新与发展的多元化的时代，艺术家与设计师们在创作"形"的过程中，需扎根时代生活，根据新时代的多样需求进行合适地提炼与更新。创作思路与设计观念的多元发展，将直接决定新时代"形"的多种意义。

一、"形"是艺术设计的源泉

在生物界，动植物最基本的单位是细胞；在化学界，物质最基本的单位是原子；在文艺界，作品最基本的单位是"形"。在我们的身边蕴含着许多丰富的"形"，如田野中的小草、山林中的树石、河海中的贝壳、天空中的白云、街道中的人形、书本中的字形、空间中的图形等。这些"形"既是万物生长的基础，又是艺术创作的源泉。艺术家们常通过直接与间接、具象与抽象、现实与虚拟、组合与分解、解构与重构等艺术表达方法，来研究各种"形"的创新与再生，在美化与激活我们的生活环境之余，丰富与增添视觉趣味。

"一花一世界，一叶一菩提。"在现代艺术设计中，点、线、面是"形"的基本元素，它们如同世界里的花、菩提里的叶、音乐里的音符……单独看，似乎不构成什么，但将其进行多样化与艺术化组合后，才发现是奇幻无穷。正如现代抽象主义画家瓦西里·康定斯基所言"每一根独立的线或绘画的形就是一种元素。就内在的概念而言，元素不是形本身，而是活跃在其中的内在张力……"受现代主义思想影响，许多设计师常将点、线、面视为万物的基本元素，并赋予它们生生不息的活力与动力。为此，对"形"及其基本元素做深入的认识与感知，可以使设计师拥有一个坚实且正确的起步，这至关重要。

"形"的艺术追求在于创新。世间一切均在变，除了"变"永远不变。创新是引领发展的第一动力，一个具备独创性与创新意识的设计作品，不仅拥有动人的视觉冲击力，还蕴含了艺术的幽默与夸张。反之，则很难吸引观众的视觉注意或者达到预期的展示效果。设计师在设计初始通常会具备一定的悟性与灵感，他们在激发"形"基本元素的无限生发力的同时，赋予其丰富而变幻的表象，这种艺术作品极大地符合了当代人的视觉审美与艺术追求，它们如同黑暗中的星光、死水中的波澜、平淡中的惊喜，予人以激情、活力、生机、希望等。

二、"形"是传递信息的方式

信息传播是"形"古有的意义。"形"的起源与发展，与整个人类文明的起源与发展紧密交合。在旧石器时代晚期，考古专家们在山西峙峪遗址、山西下川遗址、北京周口店遗址中，发现有大量用于宗教、装饰等用途的人体饰物、雕刻品、岩画。在新石器时代，我国出现了一批最早的知识分子，诸如巫、吏、卜、贞人等。当时的教授对象与教授内容相当有限，全国绝大多数人都没有接受过系统的文化教育，图画与刻作依然是当时惯用的信息传播方式，如通过 "鱼纹" "鹿纹" "蛙纹" "螺旋纹" "波浪纹" "网纹" 等简单形状，来表达他们对动物的喜爱以及对自然的依赖。

随着人类文明的发展，语言或文字开始进入大众视野，并成为他们最主要的表达或传达方式。归根究底，语言或文字也是由宏观的 "形" 演变而来的，如甲骨文（中国最早的象形文字）。学习书写文字需要一定的文化基础，灵活运用语言需要一定的社会经验，它们相对复杂与理性，且需要长期的知识储备，远没有 "形" 来得更加直观与容易识别。据有关数据显示，头脑中有60％以上的信息是通过视觉获得的。观形看象本就是人类与生俱来的本能，是大脑感性的直接输出。在 "读" 一段文字和 "看" 一幅图形之间的感受过程是明显不同的。看情景与观图像显得更加一目了然与印象深刻，可以更加真切地感受它所传达的意念和氛围。

而后，信息化时代的到来，使人们在追求高效发展的同时，每天还需面对大量的信息。如何排除无效信息，使有效信息快速进入大众视野，"形" 的简洁性、直观性、易识别性就显得尤为重要。行走于大街小巷时常会发现，现代的 "形" 日趋符号化，它们创造原则多以信息内容的传达为中心，如导视系统、公共指示牌、商业标志、招贴设计等。如何通过简约的 "形" 来传达丰富与复杂的信息内容，使之能快速而准确地得到识别与传播，是当今 "形" 设计的重要研究课题，也是快节奏的当代生活和激烈的传播竞争对 "形" 设计提出的要求与挑战。

三、"形" 是丰富意义的媒介

"形" 作为最单纯的视觉表现，能直观反映客观现实与主观情感，能给人以联想，拓展深刻内涵。无论是创造美丽图形、丰富审美享受，还是传播特定信息、促进大众交流，它都需承载相应的意义。意义是 "形" 存在的核心目的，"形" 是意义呈现的主要载体，二者相辅相成、相得益彰。

首先，"准确表意" 是创造 "形" 的核心所在。格式塔心理学与美学代表人物鲁道夫·阿恩海姆在《视觉思维——审美直觉心理学》中表明 "'美' 并不是一种附加的装饰，也不是使观赏者得到愉快的诱饵，而是整个陈述的不可分割的一部分。" 没有意义的 "形"，尽管十分耀眼，也仅是具备形式美感的躯壳，难免会使观者感觉茫然或渐感乏味。中国传统书画艺术讲求 "书为心画" "意在笔前"，北宋文学家、哲学家周敦颐在《文辞》中写道："文，所以载道也"。"文" 作为 "形" 的特殊表现形式，在准确表意方面，十分显著。中国传统建筑装饰纹样作为 "形" 在空间中的重要表现载体，也追求 "物以载道" "目寄心期" 等原则。每种装饰纹样都蕴含丰富寓意，如福禄寿、暗八仙、佛八宝、四君子等。

其次，优秀的"形"可以直接拉近设计者、表达对象、观者三者之间的距离。它不仅造型简约直观，而且内涵丰富、意义深远。唐代画家、绘画理论家张彦远在《历代名画记》中写道："夫画者，成教化，助人伦。"从该句话中，清楚揭露了绘画的"形"在兴、观、群、教等多个方面的积极作用。此外，马克思主义思想也极大地肯定了"形"的深刻认知功能，如恩格斯所推崇的许布纳尔的油画《西里西亚的织工》（图1-1）。该作品描绘了当时工场主、包买商和封建地主的相互勾结，以及他们对织工的残酷盘剥，反映了社会各个阶层的现状及其关系。该作品意义现实、耐人寻味，并在当时激起了整个社会的共情与共鸣。

图1-1 ┃ 许布纳尔的油画《西里西亚的织工》

四、"形"是超越界限的交流

"形"是一种具备超越性的视觉语言，它可以打破专业、行业、民族、国家等界线，并在此间进行任意的无障碍交流，这或许就是"形"独特的魅力吧。艺术中需要"形"、建筑中需要"形"、科技中需要"形"、美学中需要"形"、自然中需要"形"……"形"似乎是游走于万物之间的任意卡，它的兼容性与高效性造就了它的超越与永恒。反之，亦可以从"形"中了解多元信息、开展跨界交流。

在文化交流的过程中，语言与文字的障碍比比皆是，尤其是在不同国家和民族之间，存在着大量的思想隔阂与文化差异，人们经常因为多重语言的相互转译而焦头烂额或一知半解。语言或文字是民族性的、地域性的，各个地区都有其独特的表达言语。与文字不同，"形"既是民族性的、地域性的，同时也是世界的。因为它的构成元素均源于人类的生活或生存环境，它们大多相同或相似。❶

❶ 崔生国：《图形意语》，武汉：湖北美术出版社，2014年，第12页。

第二章

形状与空间

SHAPE AND SPACE

　　形状是最能体现空间视觉特征的第一构成元素。在建筑设计领域，建筑师经常将单纯的几何形状视为建筑主题元素表现出来，有时将其升级为几何形体组合得到相对复合的形体空间，他们对形状的思考从没间断过。18世纪末，法国建筑师迪朗在《汇编》一书中，总结了不同时期、不同建筑的平面图、立面图和剖面图，发现许多建筑都是由几何形中最基础的"正方形、圆形、三角形、矩形"这四种元素构成的。为此，本章将从最基础的形状入手，对环境设计中的不同空间进行探讨与分析。

　　一般而言，形状是指一个图形的外边缘或一个实体的外轮廓。然而，在空间范围内，形状则是指在三维中的诸如界面装饰、结构外形、虚空剪影等部分的二维轮廓，即在空间场域内可视的所有物象的平面化轮廓。空间形状类型多样，可大致分为几何形状、自由形状、特殊形状。其中，几何形状又分为常规几何形状与非常规几何形状。研究形状规律的根本在于研究其相应空间的特征，空间形状越简单则越容易被辨识，其空间性质也越单纯与明确。反之，空间形状越复杂，其轮廓和边界则越模糊不清，空间也就越复杂与自由。

第一节　常规几何形状

　　"几何"，常指"几何学"，是研究空间结构及性质的一门学科。"几何"这个词最早来自希腊语"γεωμετρία"，后来拉丁语化为"geometria"，意为土地测绘技术。"几何"主要分为欧式几何与非欧几何，其中欧式几何相对普遍与基础。"欧式几何"全称欧几里得几何，诞生于公元前3世纪，由古希腊数学家欧几里得提出。他把人们公认的一些几何知识作为定义和公理，并在此基础上研究各种几何形状的性质，进而推导出一系列定理，组成新的演绎体系。随后，他将与几何研究相关的观点融汇于《几何原本》一书中，使"欧氏几何"远近闻名。明朝末年，中国著名科学家徐光启在对《几何原本》的翻译工作过程中，首次提出中文"几何"的概念，并在中国传播开来。值得一提的是，在此之前，我国先民们常将"几何"释为"多少"之意，如三国时期曹操在《短歌行》中所言"对酒当歌，人生几何！"而拥有与"geometria"概念雷同的"几何"，则常被内涵于中国古代的"形学"之中。

　　"常规几何"通常指代相对单纯的欧式几何，即"几何"中最为基础的部分。因此，常规几何形状指的便是在欧式几何公理系统下生成的一系列平面几何形状，即常规几何结构和度量性质在平面中所生成的边缘轮廓。此类形状强调轴对称性与韵律性，讲求内在特定的比例关系，如三角形、矩形、六边形、八边形、正圆形、半圆形、椭圆形等。

一、多边形系列

在几何学中，多边形是指由三条或三条以上的线段首尾顺次连接所组成的封闭形状。其中，当属三角形最为基础。由上可知，三角形指的便是在同一平面内的不同方向的三条线段首尾顺次连接所组成的封闭形状。它的三个内角之和均为180°，主要分为等边三角形、等腰三角形、不等边三角形。由于三角形的内角和为180°，而且存在大量锐角和倾斜面，因此，它常作为最稳定的结构和最尖锐的形状存在。在空间表现中，三角形经常起到加强安全感和速度感的效果。以无锡刘潭市集设计为例（图2-1），该场地平面是一个不等边的近约三角形形状，相对少见，且现存问题较多。为确保平面空间的完整性利用，设计时沿基地周边围合出了一个约等腰三角形的中庭空间。考虑到市集的快速流动性质，该部分的顶棚结构均由若干个规律的等腰三角形组成，整体结构稳定而安全。在色彩上，该顶棚搭配着粉紫与粉黄色玻璃，达到了内外空间对比鲜明的效果。使其在展现自身美丽生命的同时，也给整个区域的发展带来了灿烂多彩的春天。

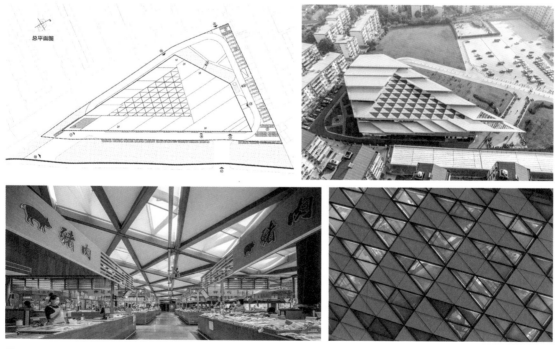

图2-1 | 无锡刘潭市集设计

矩形是由同一平面内四条线段首尾顺次连接所组成的封闭形状。常规的矩形又称长方形，四个角均为直角，而正方形与平行四边形又被视为一种特殊的矩形。在空间设计中，矩形主题是最简单和最常见的形状，它们相互间易于组合与衍生，且很容易满足各种实用功能。如以一字形、U字形、口字形、回字形、L形为主的中国传统建筑平面，或以包豪斯校舍、巴塞罗那世博会德国馆、流水别墅、玛利亚别墅等为主的由多个矩形任意组合而成的现代建筑平面，都是矩形主题在空间运用中的经典。以紫禁城总平面布局为例（图2-2），该平面遵循"外朝内延"的布局方式，采用中轴对称布局，从正阳门至神武门，途经天安门、午门、太和门、太和殿、中和殿、保和殿、乾清门、乾清宫、交泰殿、坤宁宫等重要构筑物，左右两旁则伴有文华殿、武英殿、慈宁宫、养心殿、奉先殿、宁寿宫、东西六宫等。由于每个宫殿的平面均为矩形，因而从空中俯视，发展整个紫禁城均是由各种大小不同、长短不一的矩形组成，而宫殿与宫殿之间的廊庑、道路、庭院也均是矩形，整个空间序列有条、疏密有度、功能多样、层次丰富，达到了多矩形组合的至高境界。

六边形是由同一平面内六条线段首尾顺次连接所组成的封闭形状。其中，每个角均为120°的为正六边形。在中国，"六"同"顺"意，属于传统吉祥数字，人们经常将六边形设置于建筑空间中，如六角塔、六角亭、簇六菱花格心隔扇、六边窗、六边石墁地铺等（图2-3、图2-4）。在国外，六边形常被视为无

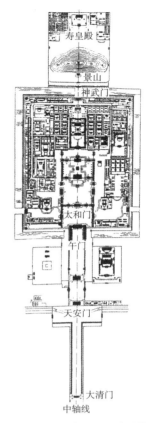

图2-2 │ 紫禁城总平面布局图

限生长的形状，是充满生命力与灵动感的造型。曾有学者就从放射虫的启示出发，将其生长模式和成形方式用几何算法表现，进而实现了六边形结构的复杂形体设计。延续古老智慧，2017年，德国就出现了一栋平面为六边形的亭子住宅（图2-5）。在这里，房子不仅仅用来居住，同时也是重要的娱乐和消遣场所。室内各个卧室围绕着中央起居室布局，很好地适应了住宅的六边形平面，整个空间充斥着类似于英式景观园林的浪漫主义特征。

图2-3 │ 苏州博物馆六边窗

图2-4 │ 云南沙溪白族民居室内铺地

图2-5 │ 德国亭子住宅

　　八边形是由同一平面内八条线段首尾顺次连接所组成的封闭形状。其中，每个角均为135°的为正八边形。所谓"四象生八卦"，相较于规则的四边形，八边形能给空间带来更多的变化。作为具备哲学性与发展力的形状，八边形经常与八角楼、八角塔、八角寺、八角门环、八角窗、小斗八藻井等中国传统建筑设计紧密相关（图2-6）。经典的形状永远都不会被时代淘汰，在当代空间设计中，八边形依然十分流行。以达卡大学文学院中心区景观设计为例（图2-7），该设计的目的是为年轻人创造一个聚集的场所，并使其成为师生们的沉思之地。中心区具备瞬时性象征，同心旋转的八边形座椅将周围的气氛凝聚起来，使中央水面散发出抚慰心灵的宁静。中心区的南角仁立着四座纪念碑，用于缅怀解放战争中的烈士，整个场地灵动而庄重。

图2-6 │ 八角窗与小斗八藻井

图2-7 │ 达卡大学文学院中心区景观空间实景图

二、圆形系列

在几何学中，圆常指在一个平面内围绕一个点并以一定长度为距离旋转一周所形成的封闭曲线。在大众认知里，圆经常象征着圆满与和谐，有时它也代表着运动与静止。我们常见的圆形主要包括正圆形、半圆形、椭圆形、几何曲形等。其中，正圆形的简单性与整体性最强，而不规则圆形的自由性与奇妙性最强。在空间设计中，圆形主题常表现为由多个圆形任意组合生成的复合形状，相较于单个圆形，它更加灵动与有趣。

正圆是指在一个平面内围绕一个点并以相同长度为距离旋转一周所形成的封闭曲线。单个正圆形空间自古有之，如北京天坛祈年殿平面、福建圆形土楼平面、古罗马斗兽场平面等。在当代空间中，单个正圆形经常出现在艺术装置中。以瑞士的Ephemeral Ring木构装置空间为例（图2-8），该装置位于被誉为手表之谷的Vallée de Joux山谷中，它是一个由本土云杉木制成的临时性圆形空间，高4 m，直径50 m，Ephemeral Ring意为"瞬息之环"，从上方看，宛如一个钟面，以此来纪念同样具备时间性的环法自行车赛。除了艺术装置，正圆形主题也经常出现于景观空间中。在处理多个正圆形任意组合的过程中，应适当避免相切圆，最好的处理方式就是将圆边线处理成"S"形。如重庆"环舟奇迹"玫瑰迷宫景观节点设计（图2-9）。该节点是由五个大小不同的同心正圆和三条几何曲线任意组合而成，每个同心正圆都象征着一朵含苞待放"花骨朵"，配有变幻莫测的玫瑰色以及奇妙无穷的哈哈镜面材质。它们各自独立又相互依靠，在绿色山林间形成了五个极具个性的积极空间，整个景观浪漫而美好。

半圆形是正圆形的一半，有时又是一种特殊的扇形。即将正圆平均分成两半，或者将扇形的角度延展至180°，均成半圆形。半圆形的空间装饰或结构外形样式丰富、历史悠久，自从古罗

图2-8 ｜ Ephemeral Ring木构装置

马时期发明的"券"起，半圆形拱门、半圆形廊道便是时代的经典，且流传至今。以迪拜的反射清真寺空间设计为例（图2-10），该平面是一个近约圆形的全开放廊柱空间，它由一系列宽阔的半圆形拱门组成，清真寺被包裹在中央。该空间是个典型的积极空间，可以迅速聚集来自不同方向的游人和朝拜者。建筑本身采用带有细小圆形洞口的外色穿孔板材料，当阳光透过空洞，可直接削弱了内外空间的距离，提升了整体空间的包容性与共存性。

椭圆与圆很相似。不同之处在于椭圆有不同的x和y半径，而正圆的x和y半径是相同的。椭圆形有时又被叫作卵圆，能单独应用或多个组合，也可进行特定的解构与重组。以万科成都高新创合中心建筑设计为例（图2-11），该建筑面积约150000 m²，集商业、办公、服务、公寓等综合功能。其设计理念是在赋予识别性强的空间形态的同时，打造充满生命力的宜人的城市生态公共空间，进而促进人与人之间的交流与互动。在前期调研中，设计团队发现原始空间存在个性不够鲜明与缺乏向心凝聚力的问题。于是结合场地特征与周边交通动线，利用椭圆形的向心力与凝聚力，将高新创合中心建筑设计成两栋近似围合成椭圆的弦月形形态，半开合的椭圆形空间传达着开放、融合、温暖、安全的建筑美学特征。而在两栋建筑的中央，则是一个景色

图2-9 | 重庆"环舟奇迹"玫瑰迷宫景观节点

图2-10 | 迪拜反射清真寺空间实景图

优美的椭圆形庭院。站在庭院中心仰视上空，发现周围建筑的虚空剪影也形成一个近似椭圆的形状。整个空间宛如一对灵动的双鲤鱼在池中游弋，为高楼云集的街区环境带来了新的活力与趣味。

图2-11 ｜ 万科成都高新创合中心建筑设计

第二节　非常规几何形状

　　随着人类物质需求与精神需求的不断提高，相对保守、严谨、静态的常规几何形状空间已经不再能够满足当今社会不断复杂化的建筑功能与审美需求。人类开始寻求形状的复杂性与多元性，因而创造了一系列非常规几何形状。简而言之，非常规性几何形状就是对常规性几何形状的丰富与突破，单一常规几何形状逐步向复合常规几何形状演变。就创新方法而言，出现了相加、相减、重复、渐变、近似、透叠、对比、分离等多种组合方式。常规几何形状的组合方式多样，有的运用多边形与多边形、多边形与圆形、圆形与圆形等进行审美组合或比例组合，有的则运用它们进行结构组合或精神组合。此外，分形几何形、拓扑几何形等复杂几何形状也逐步进入大众视野。

一、常规几何形状的组合系列

　　相加与相减。复杂建筑空间之所以能够生成，取决于空间产生过程中不同的组合形式。现代主义建筑大师勒·柯布西耶曾声称：纯粹的（欧式）几何形不仅是世界上最直接与最纯净的美，也可将这些简单的几何形状或形体通过一定比例的重组得到最适合于建筑的形象，将它们组织到建筑韵律中就构成了协调的建筑精神。由此可见，在现代主义建筑大师眼中，追寻常规几何形状的完美组合是现代主义建筑设计永恒的焦点。以萨伏伊别墅空间设计为例，柯布西耶在建筑实践中，将常规几何形状贯穿始终，如列柱、直墙、曲墙、方窗等，这些均是建筑构件或结构要素，它们属于同等级关系，各自造型简洁、形象纯粹。精彩之处在于设计者将这些相互独立又单纯的几何形状进行了看似简单的相加与相减的组合处理。单从建筑的四个立面表现来看（图2-12），每个立面均由长方形窗户、长方形墙体、细圆柱自由组成，由于各面的组合样式不同，造成每面的组合形状各异。奇妙之处在于，尽管每个立面的组合形状不同，但都能表现出古典主义建筑的精神美，使建筑最大限度地保证了外观完整与精神完整，同时也赋予了创作者极大的自由。

图2-12 │ 萨伏伊别墅的四个立面实景图

近似与透叠。近似是指相像而不相同，透叠是指相叠而透出重叠，它们均是丰富现代空间设计中常用的手法。以罗马第三大学新总部空间设计为例（图2-13），设计原址是一个老旧的工业区，环境污染严重、四处荒草丛生。因此，该设计理念希望为该地区提供高标准校园建筑的同时，能构建一个适宜公众休闲、交流的场所。在设计过程中，设计者利用公共建筑对城市发展的引擎作用，增强社会凝聚力，使工业区转变为一个具有活力的目的地。因此，以圆形、椭圆形、任意圆这类近似形为主打形状，空间处理上则多采用透叠的方式，丰富层次、增添活力。该空间主张开放性、灵活性、混合性、可持续性的设计原则，首先，圆弧可以模糊边界，使校园景观与城市街区互相渗透，形成开放环境，促进平等交流。其次，圆弧可以灵活划分空间，运用植物"有机分散"的智慧，优化校园结构，使各部分相互独立又互相联系。再次，多种圆形共存可以激发运动活力，使办公、教学和公共展示等多种功能混合，提升建筑的利用率。最后，椭圆形与任意圆形是被动设计的良好助力，通过研究当地气候和太阳高度，发现此类形状的构筑物有助于缓解夏季过热和眩光现象，进一步做到了提升室内舒适度、改善公共空间质量，间接促进了场所环境的可持续发展。

图2-13　｜　罗马第三大学新总部空间实景图

　　分离与对比。作为绘画创作的常用手法，它俩也同样适用于各种空间表现中。以重庆园博园企业展园平面设计为例（图2-14），该平面是一个15 m×15 m的正方形场地，场地中用一条对角线将其分离成两个面积相同但疏密节奏完全不同的地块。它们一个叫"彼园"，简洁内敛，隐喻了我们内心的理想世界；另一个叫"此园"，复杂破碎，代表了现实的生活世界。由图可知，"彼园"的平面放置了一个超大的不等边四边形水盘，四周散铺着青灰色碎石，平静的水面映射着花园周边的环境，含蓄而和平，极具东方韵味。而"此园"的平面则是由无数个尺度不等的三角形交织而成，它们相互叠加与穿插，高低错落、材质多变。两个子空间对比分明，它们各自独立又相互渗透，极大地展现了现实与理想的差异，整个空间充满了矛盾感与故事感，使游者容易沉浸其中。

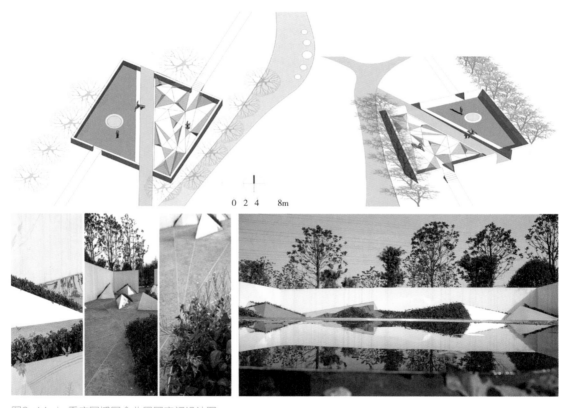

0　2　4　　8m

图2-14 ｜ 重庆园博园企业展园空间设计图

二、分形几何形状

　　分形几何最早出现于20世纪70年代，其存在意义在于补充与深化相对单纯的欧式几何。它是构筑几何学与大自然逻辑之间的桥梁。就定义而言，分形几何形状是指用数学的语言来描绘自然界中看似完全无规律的几何形状，如云朵、山峰、树枝、叶片、旋涡、波浪、海岸线等，它们看似毫无逻辑联系，实际内部存在着相应的数学逻辑结构。1998年，由曼德布罗特撰写、陈守吉与凌夏华翻译的《大自然的分形几何学》一书中，就用数学方法系统化地解释了一些看似不定形或无规则的形状（图2-15），然而这些形状在空间设计中均起到了良好的作用，如在2015年米兰世博会中灵感来源于玉米的墨西哥馆建筑表皮设计以及灵感来源于树枝的东京TOD'S大厦建筑表皮设计（图2-16、图2-17）。

分形几何理论给空间设计带来了新的思路，目前，它已经被国外建筑理论界密切关注，一些建筑师或设计师开始研究分形几何形状与当代空间设计

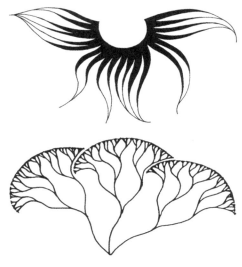

图2-15 ｜ 大自然中的分形几何形状

的关系，并创造了一批"分形建筑"或"分形空间"方案。以韩国海运港湾馆建筑外观及入口空间设计为例（图2-18），该馆建成于2012年，是韩国丽水世博会展馆中的一员。从建筑表皮可知，白色部分是一种由水纹演变而来的分形几何形状，它柔美而和谐，具备一定的节奏感与韵律感，从建筑表面直接延伸进入口，以跨界面的设计方式，将"分形空间"表达得淋漓尽致。

图2-16 ｜ 米兰世博会墨西哥馆

图2-17 | 东京表参道TOD'S大厦

图2-18 | 韩国海运港湾馆建筑外观及入口实景图

三、拓扑几何形状

　　"拓扑"原名"topology"，可直译为地貌、地志学，它是一门和研究地形、地貌相类似的有关学科。早年间，人们常将拓扑学理解为"形势几何学""连续几何学""一对一的连续变换群下的几何学"。在空间设计中，拓扑学应用较多的当属拓扑几何形状与拓扑几何结构。其中，拓扑几何结构会放在第三章进行阐述，而第二章主要围绕拓扑几何在平面部分的形状展开。拓扑几何形状同拓扑几何学一起诞生于19世纪，它是基于图解（graph）思想和拓扑原理展开的。如果说欧式几何形状研究的是点、线、面之间的位置关系以及它们的度量性质，那么拓扑几何形状研究的就是几何形状在空间中的不变形原理。即在不改变几何形状的本身特征及相互连接关系的前提下，结合空间自身结构或表面，进行的任意变形与扭转，此时的节点位置与其连线的曲直形式无关。

　　拓扑几何形状的创造离不开"拓扑网格法"的铺垫。类似于图形设计中的"骨骼"，拓扑网格法大致可分为有规则式网格与不规则式网格两种。

　　规则式网格是一种在不改变拓扑性质的条件下，将原始网格拓扑成新的网格，这种网格生产的几何图形具备一定的几何规律，如高雄流行音乐中心建筑表皮设计（图2-19）。在几何学中，冰晶的雏形是六边形，因此，六边形也常作为水的抽象代表。高雄流行音乐中心位于中国

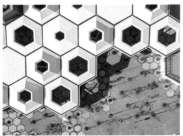

图2-19　|　高雄流行音乐中心建筑表皮设计

台湾南部港口城市高雄，毗邻爱河入海口。水作为台湾人民生活的中心，六边形也自然而然成了整个设计空间的基本单元形状。在这里，六边形不仅代表着水，还代表着诸如泡沫、珊瑚、海藻、波浪、水生动物等与水相关的任意生命。经过规则式网格延展，无论是兼容音乐厅与塔楼的音浪塔，还是包藏展览馆的珊瑚礁群及周边景观设计，六边形拓扑几何形状贯穿始终，使每个单元空间都能在充分展现自身内涵的同时，融合成一个共同的生态系统，极具流行感与生命力。

不规则式网格又称自由式网格，生产条件与拓扑过程与有规则式网格相同，不同之处在于不规则式网格产生的几何形状具备自由与灵活的特征，因而该部分内容会在第三节自由形状的自由几何形部分展开论述。

第三节　自由形状

"自由"是相对"常规"或"非常规几何"而言的，"自由形状"常指代不受约束的、无规律可循的、具备偶然性与随机性的形状，如自由曲形、自然形、任意形状的自由组合形等。"自由"作为不受限制和阻碍的代名词，自古便备受大众推崇，如1847年匈牙利诗人裴多菲在《自由与爱情》中所言"生命诚可贵，爱情价更高，若为自由故，两者皆可抛"。自由不仅是形状的重要属性，更是人类精神上永恒的追求。

一、自由曲形

"曲形"常指在同一平面内，由至少两条不直的曲线围合而成。曲线的韵律感和节奏感较强，它的视觉连续性常常使空间整体具备流动的特性。如果说直线是理性的，那么曲线一定就是感性的。感性的东西时常给人一种情感上的共鸣，可深入满足了人们在精神世界中的享受。从中国的风水说来讲，认为吉气是走曲线的，有着"水见三弯，福寿安闲，屈曲来朝，繁华富饶，以曲为贵"的说法。西班牙建筑师安东尼・高迪也曾说过"直线属于人类，曲线属于上帝"，这句话让许多学者和观者对曲线也充满了好奇和向往。而由曲线演变生产的曲形同样具备以上特征。一般而言，曲形主要分为几何曲形和自由曲形，前者的变化是根据一定的规则产生的，具有规律性，属于常规几何的范畴；而后者的变化则相对比较随意，不受任何规律拘束，属于自由形状的范畴。

自由曲形的运用在景观空间中随处可见，但建筑空间却相对较少。20世纪初，在提倡曲线的新艺术运动的影响下，曲形空间开始逐步被大众所喜爱。以米拉公寓空间设计为例

（图2-20），该建筑位于两条大街的转角处，按照原始地理位置的限定，方形的直角的平面空间无疑是最为合适的。但是高迪在设计之初，坚持打破传统的设计思维，没有因地制宜或附和周围环境做直角空间，而是运用自由曲线使之成为一栋天衣无缝的圆弧形建筑。从地面到墙面再到屋顶，从室内到庭院再到室外，继续起伏、自由布置。有人说，这是一座完整的有机建筑，因为它的室内家具与摆件都保持着特殊扭曲的雕塑样式。出于对曲形的热爱，高迪的很多设计都在以求将曲形空间推向极致。尤其是一直以来都极其注重实用性的建筑领域，即使是在数字技术化与智能化相对发达的当下，像这种以自由曲形主打的空间依然很难能可贵。

图2-20 ｜ 巴塞罗那米拉公寓

二、自然形状

大自然与人类自古便相依共存，自然界中的物体常与人的大脑产生共鸣。亚里士多德曾说过："爱好节奏和谐之美的美德形式是人类生来就具有的自然倾向"。自然的形状常给人以柔和、健康、浪漫、抽象等体验，人们有意识地加以模仿和运用自然界中富有韵律感的自然现象，从而创造出各种各样连续重复的并保持着稳定的距离和关系的韵律美。如日本建筑师长谷川逸（Hasegawatisuko）就提出过"软建筑"的概念，他设计的"山梨水果博物馆"就带有支脉纹理的透明有机形态。又如高迪设计的圣家堂部分（图2-21），该教堂内部像是一片茂密的森林，空间里伫立着多根类似雏菊一般的哥特束柱、束柱两边空隙均散发着白天与夜晚的光芒。如果说米拉公寓是他对自由曲形的探索，那么探索的尽头便是对自然主义的追寻。

图2-21 ｜ 巴塞罗那圣家堂

说到自然形状，与之联系最为密切的当属景观设计空间，如山地景观、滨水景观、公园景观、园林景观等。自然形状与自然空间联系的强弱程度，主要取决于独特的固有环境及其设计方法。针对固有环境，大致可分为最少干预、部分干预、最大干预三种层次。第一层是完全生态设计，需要在充分认识与尊重自然的前提下，因地制宜地进行人类行为最低程度的设计，从而不影响自然生态环境本身以及它的再生条件。第二层是局部人为设计，即人为创造一些自然感觉的设计，尽管它会对整体生态系统造成不利影响，如局部的水循环系统、灌溉系统、排水系统等。第三层是看似自然的过渡人为设计，如当下最为流行的水泥景观，运用水泥可塑性强的特质达到对自然环境的完全模仿，但实际上却造成了程度最大的自然破坏。而针对自然形状的设计方法，最常见的当属对自然的模仿、抽象、类比。其中，以模仿方法最为基础，即设计者自觉或不自觉地重复对象的行为过程。而抽象则是对自然界精髓的提炼与再造，该方法在当代设计中最为常见，它的最终形式有可能与自然对象大相径庭，但却蕴含着自然的意趣，能激发观览者的好奇与兴趣。

　　以园林景观空间为例，中式园林中的自然形状以模仿为主，而日式园林中的自然形状则以抽象为主。受中国传统儒道思想影响，中式庭院崇尚自然，遵循"师法自然""寄情于景"等设计原则，达到"虽由人作，宛自天开"的自然效果。即在有限的空间范围内，充分利用空间中可存、可见、可用的自然元素，模拟山林水涧中的自然美景，使建筑与景观和谐共生，从而创造出一片可行、可观、可居、可游的世外桃源（图2-22）。而日式园林则深受禅学影响，善于将人工和自然美巧妙结合，通过抽象的表现手法来表达"简练而精细"的空间效果。❶日式园林设计精美，用料精细，遵循"克制、秩序、和谐、雅致"的设计原则，整体风格宁静、简朴、节俭，常常使空间里的人内心平和、清净舒适，可谓是名副其实的当代艺术作品（图2-23）。由此可见，日式园林在展现自然形状方面与中式庭院相似，都是在有限的空间里表达对自然的理解。不同在于中式园林空间更加注重对自然本身的尊重与崇拜，设计方式更为谦和，意图在自然环境中寻求精神寄托、领悟人生哲理；而日式园林则更加注重使用者的思想，过多使用"抽象"与"想象"的表达方式，如将顽石和沙砾比作自然环境中的山和水，从而唤醒人们对自我、事物、环境、世界等层面的感知与认知。

图2-22　|　苏州拙政园局部空间实景图

图2-23　|　龙安寺方丈南庭局部空间实景图

❶ 杨吟兵：《意·空间——景观设计教育学与行》，北京：人民教育出版社，2020年，第23页。

三、任意形状的自由组合

在这里，任意形状指的是以上提过的如常规几何形状、非常规几何形状、自由形状等包含在内的及不包含在内的所有形状，而任意组合则包含着规则性组合与不规则性组合。相较而言，该类形状更加随意、多样、全面、复杂，多出现在强调表现性与艺术性的小空间中，或者涉及面积较大、较完整的平面布局中，如以下五张庭院景观平面布局图（图2-24）。

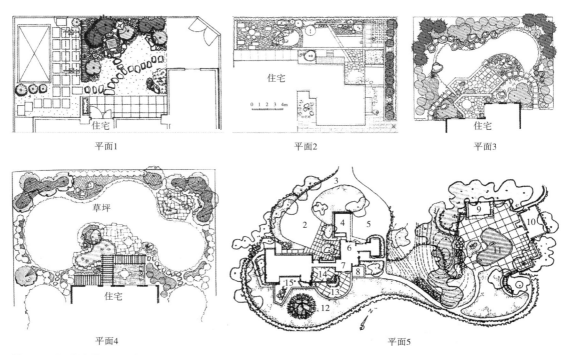

图2-24 ｜ 庭院景观平面布局系列图

如图2-24所示，平面1与平面2皆是以多边形几何形状为主、自由形状为辅的任意组合平面。只不过平面1的几何形状与自由形状处于分离状态，几何形状采用连续拼接与等距分离的规则性组合方式，自由形状则是追寻实用性的脚步进行的任意摆放。而平面2是将几何形状处理成网格式骨骼，并在一些规则性骨骼的中间嵌入了自由形状。平面3是以圆弧形和自由曲线为主的任意组合平面，形状与形状之间点缀少许自然形，整个空间疏密有度、曲直有条。平面4与平面5皆是以自由形状为主、多边形几何形状为辅的任意组合平面。其中，平面4将建筑出口处设置了一个Z字形的多边形几何廊架，廊架作为具备半通透性与过渡性的灰带空间，使人走出建筑后缓慢进入一个形状的缓冲地带，然后饱览前方壮观的自然空间，整个空间节奏有序、先抑后扬。而平面5则是在左右两个端头布置了不同造型的多边形几何空间，每个多边形几何形状都包容着一个或两个细小的自由形状或圆弧形状。在两个不同造型的多边形几何形的中间，几条自由的曲线以优美、自然的姿态相互交织与连接，整个空间形成了点、线、面的完美融合，达到刚中有柔、柔中有刚的高级效果。

第四节　特殊形状

"特殊"意为不同于一般的，或者是与别的事物不相同。由此可知，除了常规几何形状、非常规几何形状、自由形状以外，还存在着一类特殊形状。它们不仅具备前面所涉及形状的一般特性，还蕴含丰富的内在精神，拥有特定的寓意与思想，具备更加直观、高效的识别与传播功能。这类特殊形状就是历史悠久且复杂多元的"图案"与"图形"。

一、图案的定义与缘起

关于图案的定义及其起源，主要涉及狭义和广义两方面的解释。从狭义的视角出发，"图案"一词指代器物上的装饰纹样和色彩。它常被界定于平面范畴内，内容包括造型、构图、色彩、意寓等，具有较高的装饰价值与审美价值。该层含义的图案应用范围较广，常依附于生活中诸多现实实物，如建筑装饰图案、传统服装纹饰、手工艺品花纹等。按狭义"图案"的含义解释，可以推断，"图案"一词在我国自古有之，只是当时的称谓不叫"图案"罢了。

以中国传统图案为例，它最早出现于距今已有六七千年历史的原始社会时期。从山顶洞人到新石器时期，先民们开始尝试着在彩陶上绘制装饰图案，如水波纹、云纹、太阳纹等，自然质朴、简洁大方。它既是人们对生活表象的描绘，又是对未来美好生活的向往。夏、商、周时期，图案进入发展阶段。青铜器图案兴起，图案样式如饕餮纹、蟠龙纹等，构图严谨、庄重神秘。春秋战国时期，艺术思想相对丰富，漆器图案兴起，描绘内容与艺术手法更加灵活多变，出现了人与兽斗或兽与兽斗的题材，生活场景与佛教元素也日趋增多。秦汉时期，瓦当图案与画像砖图案的绘制相对流行，纹样包含了历史、神话、天象、生活娱乐、动物、建筑物等多个方面，聚集了人、神、仙、怪、鬼、魔、兽、文字等，如兵马俑、灶神像、铜车马图、讲经图，内容丰富、技法多样。魏晋南北朝时期，文人画与山水画兴起，佛教壁画图案盛行，技艺精湛、精美绝伦，叙事性与育人思想较浓，如五百强盗成佛图等。唐宋时期，图案进入兴盛阶段，出现了各种山水花鸟造型的贴近生活的图案，中国传统图案开始大量融入外国图案，团窠图案明显增多，如卷草文、连珠纹、八瓣宝相花、六瓣如意纹等。此外，图案理论相对成熟，在宋人李诫编纂的《营造法式》中，还对建筑装饰图案的色彩和纹样进行了不同等级的界定。明清时期，图案进入成熟阶段。图样内容多围绕吉祥如意、福禄寿喜、雅致高洁、皇权至上展开，造型雅趣、寓意积极，如多子多福、岁寒三友、百鸟朝凤、竹报平安、繁花似锦等。此外，该时期的图案表现手法空前丰富，除了传统的绘画、雕刻外，还增添了镶嵌、灰塑等手法。材料与风格也更具地域特色，如北方质朴、江南细腻、岭南繁丽。到了清代中后期，受商品生产与经济市场的影响，中国传统图案变得更加华丽和密集，有时难免显得过于造作。综上可知，中国传统图案"纹必有意，意必吉祥"，它不仅是中国历代先民留下的艺术瑰宝，还是支撑中华文明和民族精神的重要柱石。

从广义的视角出发，"图案"一词指代对某种器物的造型结构、色彩、纹饰进行工艺处理而事先设计的施工方案，制成图样。有的器物（如某些木器家具等）除了造型结构，别无装饰纹样，亦属图案范畴（或称立体图案）。❶1928年，中国图案教育家陈之佛先生提出"图案是构想国。它不仅是平面的，也是立体的；是创造性的计划：也是设计实现的阶段。"1963年，中国图案教育家、理论家雷圭元先生在《图案基础》中认为"图案是实用美术、装饰美术、建筑美术、工业美术等方面关于形式、色彩、结构的预先设计，即在工艺、材料、用途、经济、美观等条件制约下，制成图样、装饰纹样等方案的通称。"由此可见，"图案"不仅包含图样、图形、图画等名词含义，还蕴含方案、画图、策划等动词含义，与英文单词"design"含义雷同，即"设计"在中国的最初含义。广义里的"图案"应用范围涵盖了衣、食、住、行等各个方面，具有强烈的艺术性与实用性。关于"图案"广义解释的缘起，最早是于20世纪初，由日本传入中国的。明治维新期间，日本建立了机械化生产的产业结构，同时也引入了西方工业化生产强调计划的设计观念，并将设计（design）活动及其稿样饰以东方文化的色彩，在命名上分别以"图"与"案"与之对应。日本著名图案学家岛田佳矣曾说"日本的图案是从中国学来的，现在又参考了欧美的新方法，才有了日本的图案学"。❷20世纪30年代，在抵制日本的政治、经济和军事侵略的大环境下，诸如李有行、庞薰琹、谭旦冏等留法学者纷纷归国，为我国的图案教学融入了新的视野。20世纪50年代，随着高等教育社会主义化改造进程和全国范围的院系调整，"图案教育"步入"工艺美术教育"阶段，以中央工艺美术学院为代表的众多艺术院校纷纷设立了"图案学"。然而，受重图轻案的观念影响，许多学者惯性地将"图案"片面地理解为"纹样"或"传统手工艺"，"图案"的概念开始萎缩，与最初的定义相行见远。20世纪70年代末，新名词"设计"（design）正式传入大众视野。伴随着社会生产力的不断发展，我国"工艺美术"开始向"艺术设计"转化。20世纪90年代，"design"被注解为更新的"艺术设计"概念，其释意与英文的本意更加一致。由此可见，"图案"和"设计"是对不同时期同一事物

---

❶ 辞海编写组：《辞海·艺术分册》，上海：上海辞书出版社，1980年，第571页。
❷ 谢宏图，胡绍中：《设计艺术中图案与图形称谓辩证之研究》，载《文艺争鸣》，2010（6），第98-100页。

的描述，而"设计"较之"图案"更具有"科技意识形态"。当然，图案让位于艺术设计并不意味图案就消失，而是广义"图案"中所兼有的设计功能开始成为独立的艺术设计学科，使其结束了身兼设计的复杂局面。

二、图案在空间中的表现

在空间设计中，图案常以狭义的装饰纹样的概念存在，尤其是在注重制度等级观念与托物言志思想的中国，图案无处不在且样式繁多，它们经常会伴随空间功能的不同而表现出不同的样貌。以中国明清时期居住空间为例，按照等级的高低，大致可分为内城宫殿空间、城郊宅院空间、山村室庐空间三种，每种空间内图案表现的侧重点均不相同。

（一）内城宫殿空间

受"城以卫君、郭以守民"思想影响，中国自周代起就将城市规划大致分为"内城"和"外郭"两个部分。明清时期，"内城"主要为王者和中央官署所居，包含皇城和宫城，在皇城和宫城之外的区域则设有居民区与商业区。根据文字解释，"宫"指的是帝王的住所，而"殿"指的是供奉神佛或帝王接受朝见、处理国事的房屋。由于城内宫殿空间服务的对象是帝王或皇家，因此，为满足功能需求，其空间中的装饰图案则多以皇权至上、独尊永恒等君主意识为侧重点。

顶棚的图案表现大多以雕刻与彩画相结合的方式呈现，并装扮于藻井、井口天花、海墁天花之上。在过去，藻井多以"渊园方井，反植荷渠"的防火寓意而被人们所喜爱，而至明清时期，图案工艺明显增多，龙凤、云气遍布井内。如北京紫禁城斋宫内的藻井正中心就是一条精美的龙雕，而四周则环绕着金龙戏珠的彩画（图2-25）。从图案名称的角度分析，因把真龙形象化于藻井结构之正中，故而在清工部的各种资料中将其直呼为"龙井"。从形式美学的角度分析，它具有强烈的集中性与聚焦性，为构图中心增添了光彩，较之以前更加生动。从思想观念的角度分析，"龙井"寓意"九五之尊，飞龙在天"，也预示着该建筑的等级是最高的。

梁枋的图案表现大多以彩画的方式呈现，最常见的当属和玺彩画与旋子彩画。其中，和玺彩画是清代官式建筑主要的彩画类

图2-25 | 北京紫禁城斋宫藻井

型，仅用于皇家宫殿、坛庙的主殿及堂、门等重要建筑上，是彩画中等级最高的形式。和玺彩画是在明代晚期官式旋子彩画日趋完善的基础上，构图华美、设色浓艳、用金量大，常使用龙、凤、西番莲、吉祥草等纹样，而像花卉、锦纹、几何纹等常规纹样则基本不用。

（二）城郊宅院空间

"城郊"指的是城市与郊外，此处的"城郊宅院"则专指内城及其与山村之间的居住空间。"宅"本义为住所，多指较大的房子，如住宅。而"院"本意指围墙里房屋四周的空地，好似被山隔断的一个完整独立的空间，如庭院、院子等。相对宫殿空间而言，城郊宅院空间没有那么豪华。它的服务对象多为中等阶层，抑或是有一定经济基础的非中央官员与普通百姓。在空间装饰图案的内容选择上，多以福禄寿喜、吉祥如意等全民意识主题为侧重点。

在地铺的图案表现方面，材料相对自由、样式逐步增多。受曲径通幽美学影响，尤其是在江南地区，许多庭院或院落内的路径采用卵石、碎石、细砖、瓦片、虎皮石等容易塑形的材料，涉及的图案有几何纹、植物纹、动物纹、器物纹等。明末清初的江南造园家计成曾言"八角嵌方，选鹅子铺成蜀锦"，他推崇室外石子铺地模拟织锦图案。2015年，在苏州严家花园调研时，无意发现园中地面铺装存在许多由无数大小深浅不一的鹅卵石、瓦片拼组而成的图案（图2-26），图案中融合了花朵、钱币、蝙蝠三种形状，当地人称作"有钱花"，有的人也以蝙蝠的谐音"福"来对其进行二次命名，即"遍地是福"。巧的是，南京芥子园中，也同样在地面上出现了许多类似图案（图2-27），这或许就是江南地区在造园地铺图案艺术上一致的偏爱吧。

图2-26 ｜ 苏州严家花园地铺图案　　　　　　图2-27 ｜ 南京芥子园地铺图案

梁枋的图案表现以木雕为主，造型生动、主题多样。自然装饰图案是建筑装饰中最为普遍的纹样，每种动植物都有其特殊的含义。如鲤鱼代表年年有余，仙鹤和松树寓意松鹤延年，小鹿和柏树意为百乐图，莲花象征纯洁，而葡萄则表示五谷丰登、子孙兴旺。❶有的民居为了祈求家族能够迎来好运，还会在图案中加入大量葫芦或蝙蝠的形状，充分表达了宅主祈求福禄的幸福观。此外，后院中人大多思想传统、热爱听戏曲或神话故事，在建筑图案上也常伴有平安、长寿、游园、读书、会友等题材，如八仙图、暗八仙图、佛教八宝、万字纹、缠枝纹（又名万寿藤）、百子闹春图、太白醉酒图、高中状元图等，部分梁枋上还会出现《西厢记》《白蛇传》《三国演义》等故事场景图案（图2-28、图2-29）。这些建筑图案大多取自周边文人的画稿，画面生动、情节有趣，为宅院空间增添了很多文化气息，同时，也能充分体现出城郊宅院居民丰富多彩的生活内容和真挚乐观的生活态度。

图2-28 ｜ 佛教八宝图案（局部）

图2-29 ｜ 故事场景图案

　　隔扇的图案表现多与梁柱图案雷同。但由于隔扇常以成组或成团式出现，所以，在图案的选择上，偏重组合图案，如松竹梅"岁寒三友"、梅兰竹菊"四君子"、松竹梅兰"四君子"、梅竹荷"清高俊逸"、四季莳花、文房四宝、博古清供、八仙过海、暗八仙、佛八宝、十二生肖、十二金钗等。尤其是在明清江南地区，许多文人模拟早期书屏，将诗文、园记裱糊或雕刻于隔扇或屏门之上，详细阐述造园过程、园林轶事，抒发园主情感。并结合匾联题名与写景，不仅为造园意旨注解，还增加了环境的诗画意境。此外，在许多商家的宅院中，房屋主人多渴望家中后辈有人当官，以获得社会地位，常会在后院的隔扇上刻有入仕、出仕、独占鳌头等期

❶ 杨吟兵，方凯伦：《浅议苏州地区传统民居建筑装饰的人文寓意》，载《艺术教育》，2016（7），第204-205页。

盼子孙中举做官的装饰图案，用以警醒后辈时刻注重学习、努力上进。

（三）山村室庐空间

在古代，"室"即"前堂后室"中的"室"，指的是房屋后半部，四壁相对封闭，适合人居住的空间，正如明末造园家计成在《园冶》中所云"自半以后，实为室。"而"庐"指的是临时搭建的简陋居室，如草庐、茅庐、庐舍等。这里的"山村"是指处在城郊之外的地段，位置偏僻、交通不便，但依山傍水、自然环境优美。受经济不发达与文化相对闭塞等现实因素影响，这里的装饰图案大多淳朴实在，个别村落会伴有特殊的地方特色。

地铺的图案表现极为朴素，以几何纹居多。一般情况下，室庐的室内地铺采取夯实地面工艺，室庐的室外地铺则采取砖砌铺地和石板铺地工艺。其中，砖砌铺地涉及的纹样或图案较多，主要有十字缝、拐子锦、人字纹（图2-30）、席纹（图2-31）、万字锦、套方、龟背锦，局部地方还点缀有平升三级（图2-32）、财源滚滚等吉祥纹样。

图2-30 ｜ 人字纹　　　　　　图2-31 ｜ 席纹　　　　　　图2-32 ｜ 平升三级纹

梁枋的图案表现常采用雕刻或彩画工艺，雕刻工艺又分为浮雕、高浮雕、圆雕等。图案主题多围绕平安喜乐、有福有财等朴实的内容展开。在江西婺源的中平镇与汪口村就现存着大量清朝遗留下来的老宅，且许多宅子上都刻有各种美好祝愿的图案，如四合如意图、海晏河清图、佛八宝图、富贵平安图、好事临门图、郭子仪拜寿图等（图2-33～图2-35）。以狮子图案为例，狮子作为大门前的护卫之兽，不仅适用于建筑大门前，还经常坐落于雀替、柱头等建筑梁柱部位。从象征意义的角度出发，"狮"的谐音为"事"，除了凶猛、威慑的含义外，狮子还有欢乐、吉祥的含义，故而民间常将狮子抓绣球称为"狮子耍绣球，好事在后头"，将狮子口弦如意带称为"事事如意"。此外，受地域民族文化影响，在贵州西江镇内的苗族吊脚楼的梁枋上，就经常刻有如蝴蝶纹、鸟纹、鱼纹等民族特色明显的图案，寓意丰衣足食、多子多福。

图2-33 | 海晏河清图　　图2-34 | 好事临门图

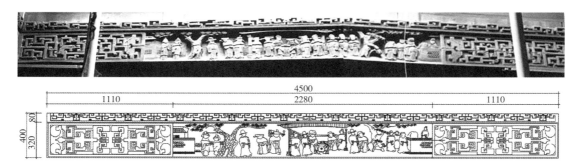

图2-35 | 郭子仪拜寿图案

隔扇的图案表现以几何纹居多，包含冰裂纹、方格纹、方胜纹、黻亚纹、菱形纹、柳条纹、回形纹、龟甲文等。其中，冰裂纹又称开片，是一种古老的汉族陶瓷烧制工艺。因其纹片如冰破裂，裂片层叠，有立体感而称之。在哥窑的各种釉裂纹片中，"冰裂纹"排名首位，极具自然美，素有"哥窑品格，纹取冰裂为上"的美誉。然而，在山村室庐中，我们还经常看见一种冰裂纹与梅花纹相结合的纹样，即冰梅纹。它常被安置在未出嫁女子的房间上，寓意冰清玉洁，该图案在苏州陆巷丹凤路、江西婺源的小姐楼、重庆福寿镇碉楼中均有出现。苏州东山太湖边的陆巷是目前江南建筑群体中质量最高、数量最多、保存最完好的古村落，被誉为"太湖第一古村"。该村中出现了很多几何图案的隔扇，如含山村22号的波浪纹、遂高堂的方格纹、万字纹（图2-36）。

图2-36 ｜ 方格纹（左）、波浪纹（右上）、万字纹（右下）

三、图形的定义与缘起

从文字含义上看，图形是一种视觉语言，指在二维空间中描画出的现实物态的轮廓、形状或外部的界限。在英文词汇里，图形又称"graphic"，意为图解、图示，而后发展为说明性视觉符号。该词主要源于希腊文"graphikos"，意为由绘、写、刻、印等不同艺术手段产生的图画、标记和符号。从广义上来说，凡是能在人的视觉系统中形成视觉印象的客观对象均可称为图形，它具备直观性、识别性、传达性、感觉力与吸引力。

从表现形式上看，图形不仅是对现实物态的轮廓、形状或外部的界限的描绘，还是通过加入创造者的主观意识的形态来表达创造性的意念和思想。如文字图形、标志图形、器具图形、自然图形、装饰图形、科技图形、几何图形等。表现形式多样且丰富，时而具象、时而抽象。当然，这些"分支"也都具备各自独立的内涵与外延，并经常出现在当下许多院校的设计类课程目录或教学内容里。这些具备符号和寓意功能的图形得到了人们的普遍认可，目前已成为艺术设计中的必要元素。因此，图形不单具有识别性、传播性与说明性，还具备设计性、教育性与超越性。

　　图形的缘起与人类认识和改造世界的需要息息相关。人类作为社会发展的产物，他首先是复杂的，要受政治、经济、技术、文化、宗教等方面因素的影响与制约。同样，图形作为一种古老的人造物，它的演变与创作也离不开政治、经济、技术、文化、宗教等方面的影响与牵绊。关于图形的产生，说法多样。有说图形源于标记符号的，有说图形源于岩画的，还有说图形源于图案的。但无论是哪种，皆具有传递信息、表达意义的基础性功能。

　　语前时期，人们只能通过口中发出的不同声音和手语进行交流，画图很快变成了大众最受欢迎的表达方式，如在岩石上用赭石、木炭作画、在沙土地上用树枝涂画等。而后，随着语言的诞生，人类开始寻求更多的方式来记录生活、传达信息与表达意义，如口头语言、形体语言、图形语言等。公元前约3500年，苏美尔人发明了"楔形文字"；公元前约3000年，古埃及人开始使用象形文字。此类文字皆源于远古的图形语言，书写缓慢且不易看懂。到了先秦时期，图形开始由具象化向抽象化发展，使原始视觉图形逐步向观念图形演变。如器具上的折线纹、重环纹，对角方格纹、双连弦纹、三角纹、兽角纹、兽面纹、龙纹、鸟纹、云纹等，造型抽象，复杂程度一般。此时，中国式"象形文字"诞生，即商朝发明的"甲骨文"，相较古印度的象形文字，更为形象与生动。文字作为图形的一个重要分支，具有一定的超越性。秦朝时期，小篆开始流行。小篆也称秦篆，是一种规范化的官方文书通用字体。该时期的印章艺术也较为普遍，图形造型相对严谨与规律。宋朝时期，科技与文化飞速发展。活字印刷术的诞生，不仅使中国印刷技术推向了一个新高度，图形造型也达到了一个新的境界。以"太极图"为例（图2-37），它不仅造型有趣，而且寓意深厚。"太极图"是由两条轮廓一样的"阴阳鱼"组成的正圆图形，两条"鱼"一黑一白，黑"鱼"中生白"眼"，白"鱼"中生黑"眼"，两条"鱼"紧接之处形成了一条弯曲的"S"形线。从阴阳学的视角出发，黑即阴，白即阳。该图则寓意阳中有阴、阴中有阳，它们看似独立，却又相互关联。英国著名艺术理论家贡布里希曾赞美"太极图"是"一幅完美无缺的图案"。"太极"一词最早诞生于《易传·系辞上》中的"易有太极，始生两仪，两仪生四象，四象生八卦。八卦定吉凶，吉凶生大业。"但早在4500年前，在中国湖北屈家岭文化的彩陶纺轮中，便出现了类似"太极图"的"漩涡纹"。4000年前，在甘肃马家窑文化的彩陶中，我们也发现了类似"太极图"的"鸟纹"。直至1850年前，古太极图正式诞生，该图由内外两部分组成，即内有黑白两色阴阳鱼相互环绕成圆，外有八卦或六十四卦围绕。而如今我们常见的"太极图"则是由北宋理学先师陈抟所绘，宋朝理学家们认为"太极"即"理"。正如《朱子语类》卷七五中所说的："太极只是一个浑沦底道理，里面包含阴阳、刚柔、奇耦，无所不有"。图形，作为传播信息的使者，与时代的发展紧密相连。进入21世纪以来，传播媒介日臻多元，如以书报、图册为主的实体媒介，以计算机、手机为主的虚拟媒介等，都为现当代图形的创造与发展提供了或多或少的助力。

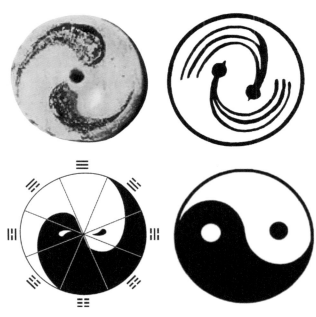

图2-37 │ 太极图的演变

四、图形在空间中的表现

康德曾说："绘画、雕塑，甚至还包括建筑和园艺，只要是属于视觉艺术，最主要的一环就是图样的造型，因为造型能够以给人带来愉快的形状去奠定趣味的基础。"通常情况下，图形在空间设计中的造型形式以简洁化居多，或几何图形、具象图形，又或抽象图形、偶然图形。前者图形部分已在前文中说明，而此处将围绕后者图形进行展开，它们包括但不限于象征图形、信息图形、逼真图形、比喻图形、幽默图形、浪漫图形等。其中，象征图形即用象征的表现方法来完成的图形，如星星象征希望。比喻图形是用比喻的表现方法来完成的图形，涉及明喻、隐喻、借喻等变化手法，形有余味、情意绵长。信息图形是为信息传播服务的图形，如空间中的标识图形、导视图形、地图等。这些特殊图形容易产生明朗的识别性与趣味性，并通过简单的序列变化，为空间营造主题感与统一感。

案例一　上海世博会墨西哥馆景观空间设计

2010年，在上海世博会上出现了一座由"风筝"组成的奇幻展馆——墨西哥馆（图2-38）。来到展馆目的地，放眼望去的是一片占地4000 m²的全开放绿色广场，整个空间绿意盎然，既象征着开放的城市空间，又表达了墨西哥人"还城市以绿色"的设计思维。广场上插满了135根色彩斑斓的顶着巨型风筝的杆子，站在广场中向天空仰望，宛如沉浸在遮天蔽日的彩色风筝森林之中。这些风筝均采用塞吉·法拉利（Serge Ferrari）公司高透光膜支撑，总共有紫色、白色、橙色、红色、黄色五种颜色，它们既装点了墨西哥馆的上空，又为当时的观览者提供一种别样的躲雨遮阳之地，有趣与实用兼并。当众人还在疑惑"建筑在哪"之余，通过标识图形发现，原来墨西哥馆就藏在这些杆子的下面。于是，墨西哥馆成为2010年上海世博会中唯一的一座地下建筑。

进入展馆内部，"风筝"图形依然是贯穿整个空间的主打元素。经调查可知，在墨西哥官方语言西班牙语中，"风筝"一词来自纳瓦特尔语中的"Papalotl"，原意为"蝴蝶"，代表着人们对未来美好生活的期盼。而"风筝"又名"纸鸢"，最早起源于中国，是中国和墨西哥两种古老文化中的共同元素，便顺理成章地晋升为两国友好进程的象征和见证，意喻未来的无限腾飞与协同发展。正所谓"文章本天成，妙手偶得之。"从墨西哥的"蝴蝶"到中国的"风筝"衍变，它全方位地向世人演示了墨西哥文化与中国文化的紧密关联。

图2-38　｜　上海世博会墨西哥馆景观空间实景图

案例二　哥本哈根"8 House"建筑空间设计

"8 House"又称"8字住宅"或"Big House"（图2-39），于2009年由BIG事务所设计并建成的一幢8字集合住宅，曾在2011年巴塞罗那世界建筑节被评为最佳住宅建筑，并获得斯堪的纳维亚绿色屋顶奖等奖项。该建筑位于丹麦哥本哈根，占地面积约60000 m²，其内含有476套面积从65 m²到144 m²不等的住宅及其他户型，如公寓、阁楼、联排住宅、商铺、办公区域等，该建筑融合了居住、商业、办公、文化、教育等城市社区功能，如同1956年勒·柯布西耶设计的马赛公寓大楼，两者的设计特色均在于将一幢单体建筑构建成一个三维立体的城市综合社区。

图2-39 ｜ 哥本哈根"8 House"建筑空间实景图

　　"8 House"的点睛之笔指的是整个建筑呈现出的一个高低穿梭的"8"字立体图形空间（图2-40），即联系各家庭院的通道和建筑中的过街廊道。这条特色廊道的东北角高起、西南角下落，从建筑底层一直盘旋至建筑顶层，这样的空间形态可以为居住在这里的人提供大量的明媚阳光、新鲜空气以及美丽景色。该"点睛之笔"的设计灵感主要来源于欧洲传统联排住宅的宅前小路，突破之处在于每户的庭院空间可以相互渗透与补充。为了使住户生活更加丰趣，建筑师还设计了一系列从底到顶的贯穿整栋建筑的共享设施，住户们可以通过穿越其间的树木和小径达至楼中不同的共享空间，这些共享空间的归处都定在了某个楼层的屋顶花园上，且每个出口所饱览的美景视感不尽相同，整个行动过程充满了对未知的憧憬与喜悦，可以更加有效地增进住户之间的交流与沟通。"8"字立体图形的设计不仅有助于各个阶段人员与家庭的循环交往，还能形象彰显出传统记忆与现代记忆的无限盘旋，从而创造出一种全新的外部体验空间，使观者在体验的过程中无不为之惊叹。

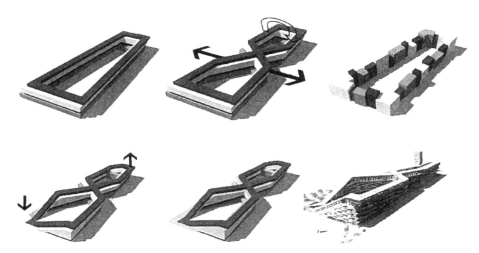

图2-40 | "8"字立体图形空间

案例三　波兰克拉瓦克博物馆建筑室内空间设计

可以说，图形设计遍布室内空间的各个角落，大到空间的围合界面处理，小到家具的细部装饰，都有图形设计表现的空间。图形在空间围合界面的视觉表现主要包括室内空间的墙面、地面和顶棚。其中，墙面在室内空间中面积很大，也是在现代室内设计中的重点装饰部分之一，在墙面装饰上运用图形设计的表现语言往往能产生富有创意的视觉效果。与此同时，图形语言相比较文字而言更具情感化、美观性，信息传递也更加直白。我们将图形融入室内空间中时，需要考虑不同功能的室内空间的墙面应该对应不同的图形表现形式。

波兰克拉瓦克就有一个巧妙运用导视图形的博物馆建筑室内空间设计。整个设计由导示系统连接着空间内部的人和事物，不仅造价低成本，而且使简单清晰的图形成了建筑博物馆空间的点睛之笔。设计师运用极简干净的线条绘制出了总体的建筑地图，且运用高度概括的平面化图形构筑了趣味化人性化的符号标识，营造出简洁却不简单的效果（图2-41）。该图形没有过多的颜色，黑色的线条和体块贯穿整个空间，作为纯白界面中凸显的视觉焦点，在准确传递信息的同时形成了鲜明的视觉肌理，并融入整个室内空间设计中，使人们在获取浏览信息的同时，也可享受简洁清新的设计氛围。

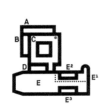
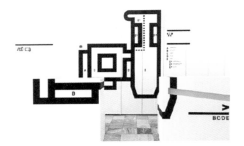

图2-41 | 波兰克拉瓦克博物馆建筑的室内导视图形

案例四　东京银座资生堂专卖店空间设计

2020年初，随着新型冠状病毒的普遍蔓延，许多商业街区陷入了一片寂静，这让我们不断思考全球环境和人与自然的关系问题。然而，在大家努力学习与建设一个更加可持续的健康发展的社会过程中，东京银座资生堂专卖店的设计团队正在努力进行一场发现并收集"生态可持续"的活动。他们纷纷走入街区，仔细观察着东京这座出奇"空旷"的城市，发现即使在银座这个远离自然的大都市环境下，也存有各式各样的如路边树木与鸟类的美丽"生态"环境。他们将这种日常生活中微不足道的本地资源"生态"视为城市中前所未见的美，并相信如若把这种美传递给社会大众，将为人与自然的关系，以及持续推进可持续发展提供一些新的启示。

在东京银座资生堂专卖店的空间设计中，设计团队将展示橱窗制作成了一张银座的三维地图，通过实地考察以及与当地居民的交谈，探索出银座中每个小块区域的具体生态环境，以及每块区域在橱窗中的合理分隔与穿插。采用科学标本嵌入的形式，在展示橱窗的对应格子里安置相应区域的自然生态"物件"，使每个格子都具有各自的专属灵魂。该专柜展览贯穿全年，重点涵盖了"有机体"和"地球"两大生态主题，并以"银座生态地图"这样的图形形式，向所有观览者展示了一个充满生机的、会呼吸的、具备可持续性的独特空间（图2-42）。

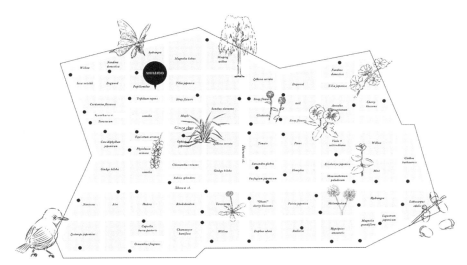

图2-42 ｜ 东京银座资生堂专卖店空间

第三章

形态与空间

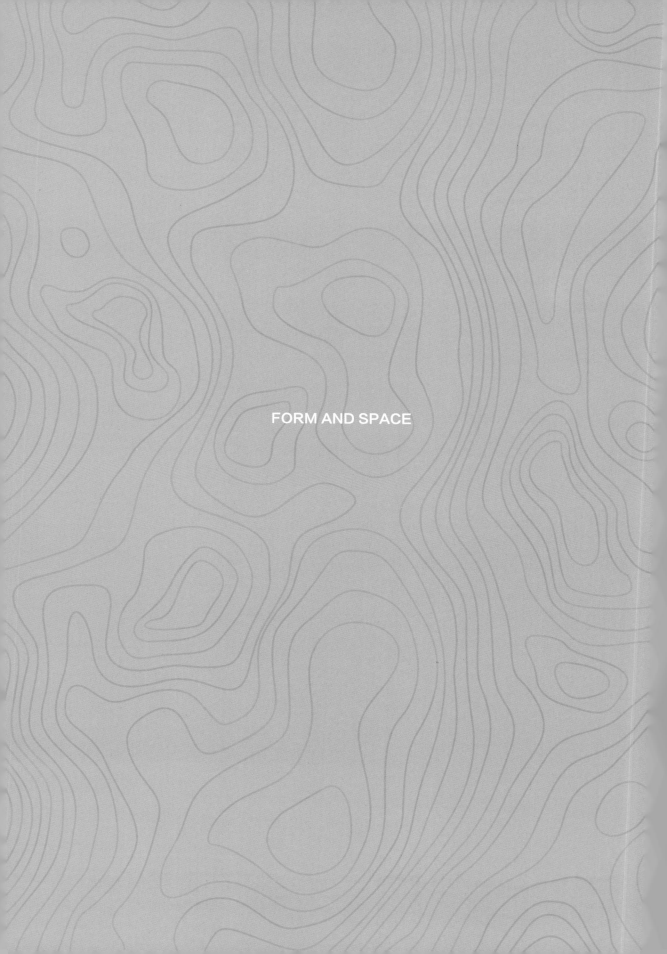
FORM AND SPACE

　　关于"形态"的解释有很多版本。在《辞海》中将其解释为形状与神态，或样貌与姿态，如唐代张彦远在《历代名画记·唐朝上》中的"尤善鹰鹘鸡雉，尽其形态，觜眼脚爪毛彩俱妙。"巴金在《家》中的"还有山、石壁、桃树、柳树，各有各的颜色和形态。"此外，形态也指事物在一定条件下的表现形式。综上所述，我们大致可将"形态"理解为事物通过一定的表现形式所生成的样貌与神态。

　　在当代环境空间中，形态有多种分类方法。从宏观上看，可分为现实形态与理想形态；从性质上看，可分为物质形态与非物质形态；从形式上看，可分为二维形态与三维形态。[1]与更加强调平面轮廓的"形状"相较，"形态"则更加强调实体感与空间感，它不仅具备可感知性与可理解性，还具备明显的可认知性与可创造性。由于形态具有一定的复杂性，影响形态空间表现的要素自然也有很多，如结构、材料、科技等。本章将围绕这以上三大要素展开，逐一剖析不同形态表现下的不同空间效果。

第一节　直观的表现者：结构

　　根据文字解释，"结"即结合之意，"构"即构造之意。因此，"结构"常被指作主观世界与物质世界的结合与构造。在空间设计领域，"结构"这个词主要来源于20世纪的"结构主义"哲学思潮。瑞士语言学家费迪南·德·索绪尔曾在《普通语言学教程》一书中提出"关系就是结构"，该观点对结构主义的发展具有深远影响。随后，瑞士心理学家皮亚杰在《结构主义》一书中，对结构和结构主义的特征进行了详细阐述，他认为结构具有整体性、转换性、自调性三个基本特征。整体性是事物结构的最基本特征，转换性是事物结构内部的组成规律，自调性是结构由简单向复杂结构过渡的过程中，发生和保持主体向客体不断适应的一种方式。它们是结构中不可缺少的三种特性，也是结构主义理论中的重要概念。

　　结构如同人类的骨骼，它不仅是空间形态的外在表现，更是决定空间生成与走向的内在关键。就空间结构而言，"空间结构"（space structure或spatial structure）常被视为创造宏大的无法简化的内部空间的产物，需遵循最佳的力学与建筑理念，是建筑艺术与科学技术工程的协调统一的杰作。空间结构涉及的领域较多，因其本身内容丰富且分支复杂，故而关于它的分类方式多种多样。从材料属性的角度出发，可分为木材结构、石材结构、金属结构、钢筋混凝土结构等；从结构性质的角度出发，可分为网架结构、壳体结构、悬索结构、折板结构等。结合本

❶ 詹和平：《空间》，南京：东南大学出版社，2011年，第129页。

书上下文内容，借鉴"结构即关系"的相关观点，决定从空间形态的角度入手，大致将其分为了单一结构、并列结构、次序结构、拓扑结构四种。

一、单一结构空间

单一结构，作为空间结构的基本单元，既是复杂空间的基础"零件"，又可独立存在，故而有的人也将它称为"独立结构"。单一结构常以相对简单的常规几何形体或复合几何形体的形式存在，如方体、柱体、多面体、锥体、球体、半圆体、环形体、上圆下方体、上锥下方体等。其中，多面体又可分为柏拉图多面体（由一种正多面体组合的形体）、阿基米德多面体（两种或两种以上正多面体相互组合的形体）、拓扑多面体、分形多面体等。

不同的单一结构形体能够产生不同的空间感知。方体具有稳定的安全感，如居住空间中的卧室、书房等；长方体具有明显的方向感，如单独的长廊空间、过道空间等；三角锥形具有强烈的上升感，如埃及的胡夫金字塔外形空间；圆柱或圆环形体的内部空间具有向心的凝聚感，待墙体周围完全开放后，则又具有分散的流动感，如古罗马的万神庙内部空间、斗兽场内外空间；多面体具有时尚的科技感，如1967年蒙特利世博会的美国馆建筑外形空间等。

单一结构空间如同社会中的个体，它们具备空间形态的基本要素，完整而独立，但却相对封闭或孤独。在空间表现上，单一结构空间通常占地面积较小，且鲜与其他实体空间直接接触，门框、窗框或透明材质等是其与外界空间交流的有限媒介。它可能是某独栋建筑外形，可能是某单个的公共艺术装饰，也可能是某个封闭的包间，如巴黎卢浮宫玻璃金字塔、北京国家大剧院、五台山佛光寺东大殿、北京天坛祈年殿、蒙古包等单体建筑外框空间，又如芝加哥千禧公园的云门雕塑、上海新天地数字景亭（图3-1）等公共景观节点或艺术装置。

图3-1 ｜ 上海新天地数字景亭

二、并列结构空间

　　并列结构是指由多个存在平等关系的单一结构空间进行的组合，每个单一结构空间可以相同，也可以不同，它们不分先后与主次。并列结构如同一只手上的五根手指、一个家庭里的一对双胞胎、或是一个班级里的一群学生，它们在各自独立的同时，又以平等的方式产生忽近忽远的联系，而决定这种忽近忽远关系的，便是它们相互间特有的连接方式。并列结构的连接方式主要有集中式、串联式、网格式、自由式等。

（一）集中式

　　集中式是指三个或三个以上呈并列关系的单一结构空间，以围合或半围合的组织方式，共同朝向某一个焦点的空间组合关系。这个焦点可以是一块空地或一个广场，也可以是另一个不与周围单一空间形成次序关系的中央空间。如中国母系氏族时期出现的陕西临潼姜寨村落遗址（图3-2），它是一个典型的"向心型"住宅聚落布局，一圈零散的住宅空间大小不一，且均朝向中心的一块旷地。此外，集中式的空间布局还有很多，尤其是在推崇教堂空间的西方，如文艺复兴时期达·芬奇构想的理想教堂、伯拉孟特构想的圣彼得教堂初稿、塞巴斯蒂亚诺·赛利奥设计的安西·勒·弗朗府邸、帕拉迪奥设计的圆厅别墅等建筑室内空间。

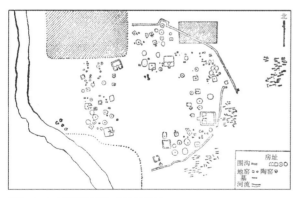

图3-2　|　陕西临潼姜寨村落遗址

（二）串联式

　　串联式是指三个或三个以上呈并列关系的单一结构空间，按照指定且不固定的方向排列相接，排列的方式可以是直线、曲线、折线等规则路径，也可以是折曲线、自然线等不规则路径。如母系氏族晚期出现的河南淅川县下王岗的多室长屋遗址（图3-3），该长屋东西长78 m，南北深7.9 m，其内总共包含并列的29间房间，有12套为两室一厅的格局，为后来的集体空间建筑打下基础。随着人口的急剧增多以及现代设计的兴起，工厂、学校、医院、商场等建筑纷纷兴起，串联式室内空间布局被广泛运用，如路易斯·沙利文设计的施莱辛格和迈耶百货商店、瓦尔特·格罗皮乌斯设计的法古斯工厂与包豪斯教学楼、阿尔瓦·阿尔托设计的贝克大楼（图3-4）和帕米欧疗养院等建筑室内空间。

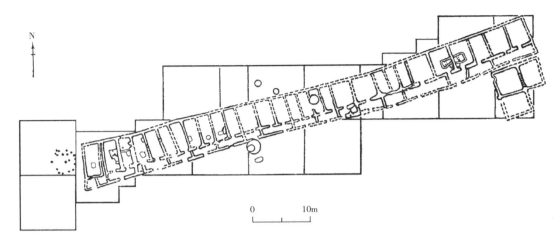

0   10m

图3-3 ｜ 河南淅川县下王岗长屋遗址平面图

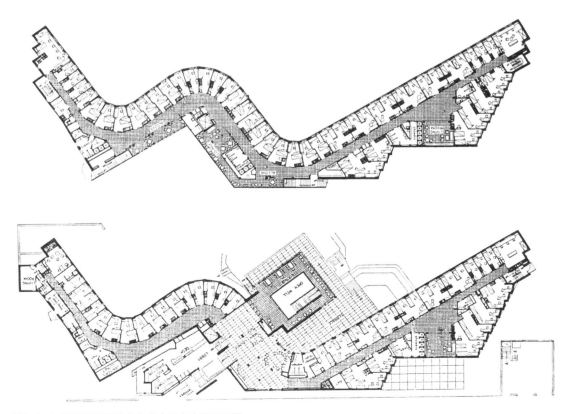

图3-4 ｜ 麻省理工学院学生宿舍贝克大楼平面图

（三）网格式

网格式是指多个呈并列关系的单一结构空间，按照"网格"所限定的方式进行组织，形成一个空间整体。这里的"网格"通常指代以方形为基础向四周等量延伸的"平面网格"，如唐长安城内按照"里坊制"规划的居住区布局（图3-5）。此外，还有"空间网格"与"旋转式网格"两种网格组织方式，它们更加立体与复杂，空间效果也更加丰富与多变。以美国建筑师彼得·埃森曼设计的3号住宅为例（图3-6），该住宅空间利用旋转网格组织方法，将两个规整网格进行了倾斜45°的交叉，进而产生了一种全新的具有突破性的奇幻空间。

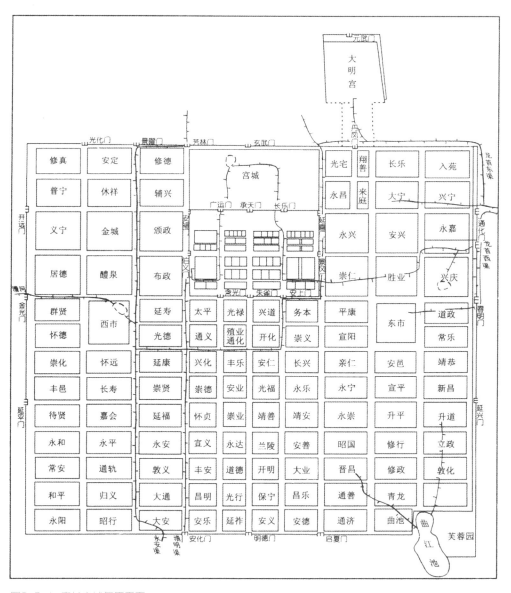

图3-5 ｜ 唐长安城复原平面

（四）自由式

自由式是指多个呈并列关系的单一结构空间，通过接触、连接等方法不受限地进行空间自由组织。由于"接触"与"连接"的形状、大小、方向等均没有特定约束，所以，此类空间灵活度较高，环境适应性较好，如江南地区传统园林建筑空间布局、宾夕法尼亚大学查理德医学研究楼空间布局等，它们均遵循着功能或地形等不固定需求，采用自由连接的方法，利用长短不一的矩形廊道将整体空间里的所有单一结构空间进行组合。又如维特拉家具设计博物馆与蒙特利尔67号建筑的整体外观（图3-7、图3-8），二者均采用自由接触的方法，将各个单一体块空间进行水平方向与垂直方向的三维穿插与堆叠，使空间视觉效果更加独特。

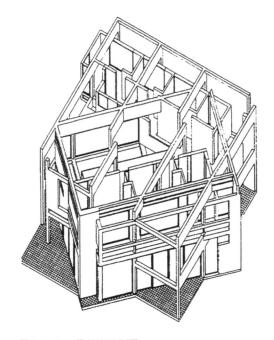

图3-6 ｜ 3号住宅轴侧图

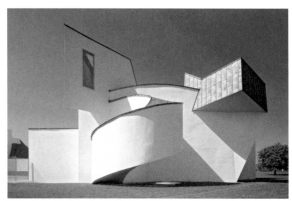

图3-7 ｜ 维特拉家具设计博物馆建筑外观

图3-8 ｜ 蒙特利尔67号建筑外观

三、次序结构空间

次序结构是指由两个或两个以上的存在序列或等级关系的单一结构空间进行的组合，每个单一结构空间可以相同，也可以不同，但它们属于先后关系或者主次关系。次序结构如同一个家族里不同辈分的孩子或是一个学校里不同班级的学生，它们虽然各自独立，但相互之间存在着前后、长幼、主次等不平级的忽近或忽远的关系。与并列结构类似，决定这种忽近忽远关系的依然是它们相互间的连接方式。不同的是，次序结构的连接方式主要有包容式、序列式、等级式等。

（一）包容式

包容式是指由一个大的单一结构空间包住另一个或另几个小的单一结构空间。在这里，包住的尺度显得尤为重要，可以是全部包容，也可以是局部包容。通常在这种组合方式中，大空间与小空间的面积差异越大，包容性就越强。针对全部包容的空间组合，有的学者也将其称为"子母空间"。如秦汉时期在室内搭建帐幄的空间效果，《释名·释床帐》中说"幄，屋也。帛衣板施之，形如屋也"，帐幄形似房屋，是一种在宽敞空间中围合出来的相对封闭的小型空间。在现代设计中，类似"屋中屋"的空间设计也有很多，如毛纲毅旷设计的"反住器"建筑室内空间、翁格尔斯设计的德国建筑博物馆内部空间等。

（二）序列式

序列式是指三个或三个以上的单一结构空间按照一定的顺序依次排列与组合。这种顺序是一种一气呵成的节奏，包含了每一个单一结构空间的外在形式与内在精神，它们犹如音乐的旋律，有前奏、开始、发展、高潮、尾声等从前往后的一系列过程。根据序列组合的分类，大致可分为短序和长序、平直序列、垂直序列、简单序列和复杂序列等。它们常出现于博物馆、文化馆、美术馆之类的根据一条线路走完的具有叙事性的空间中，如南京大报恩寺博物馆内部空间、成都水井坊博物馆室内空间、北京国家大剧院室内空间、各地宜家家具卖场空间等。当然，序列式结构在中国传统建筑中也有很多的应用。如讲求"移步换景""景断意联"的中国传统园林空间设计，它们善于在路径上设伏笔，以此来使人有所回味、留有余韵，这种感觉就类似于章回小说中的"且听下回分解"。

（三）等级式

等级式是指三个或三个以上的单一结构空间根据明显的主次等级顺序依次排列与组合。在组合成完整的空间体系过程中，等级的主次分类可以按形状、尺度来分，也可以按位置、环境来分，甚至可以按地位、伦理来分。如赖特设计的流水别墅（图3-9），遵循因地制宜的设计原则，将起居室设置在住宅一层，然后顺势而建，通过自然处理居住空间与周围环境的流通关系，逐一搭建上层的私密空间与下层的亲水空间，使整个空间高低错落、自然和谐。又如中国传统合院式空间布局，作为一种主次分明的向心空间，它的布局时刻遵循着"以中为贵""坐北面南""人伦秩序"等设计原则。通常情况下，长辈住正房（等级最高），妻住东次间，妾住西次间或其他房间，长房子孙住东厢房，其他子孙按长幼排序住西厢房或其他房间，女儿、女仆住后罩房，客人住倒座房，男仆住靠近大门的房间，整体空间尽显"尊卑有别"的伦理等级气场。

图3-9 ｜ 流水别墅立面及其空间效果

四、拓扑结构空间

拓扑结构是一种颠覆了传统空间结构中强调二元对立的结构组合方式，它强调包容性、连续性与系统性。在拓扑学中，它关注的是连接域，即识别类别关系过程与其他类型过程的关联，这是一种全新的意识形态。如果说传统空间形态的基本要素是点、线、面，那么拓扑空间形态的基本要素就是节、联系、集合。其中，"节"的意义是定位，"联系"的意义是连接与分隔，"集合"的意义是分区。根据视觉形态的表现，大致可将拓扑结构分为规则式、不规则式（自由式）、综合式三种。

（一）规则式

规则式拓扑结构是一种在不改变拓扑性质的条件下，将原有单一结构空间进行不变形地拓扑转变，进而生成新的极具几何规则性的拓扑结构空间。在空间表现中，经常出现在一些现代建筑的内外界面上，如高雄流行音乐中心建筑表皮设计（图2-19）、蓬皮杜梅斯中心室内顶棚结构设计、纽约Vessel城市公共空间设计等。以纽约Vessel城市公共空间（图3-10）设计为例，该设计由擅长研究印度阶梯井的建筑事务所Heatherwick Studio承接。Vessel是一个16层高的近圆井形攀爬结构，整体空间由154个呈六边形几何体相互连接形成的三维虚空间，该空间拥有2465级台阶和80个楼梯平台，可以直接俯瞰哈德逊河和曼哈顿。建筑师利用拓扑结构原理创造了一个多维度自承重空间结构，使整个空间达到一种错综复杂的石阶感，不仅吸引了大量国内外游客，还创造了一种多维度的全新休闲场所。

（二）不规则式

不规则式拓扑结构，又称自由式拓扑结构。它是一种在不改变拓扑性质的条件下，将原有单一结构空间进行自由、灵活、无规律地拓扑转变，进而生成层次相对较高的拓扑结构空间。犹如当下流行的分布式系统模式（图3-11～图3-13），该模式是一种去中心化的、使网络内所有节点平等分享信息的新兴经济模式。相较传统的中心式系统空间模式，分布式系统空间模式

图3-10 ｜ 纽约Vessel 城市公共空间

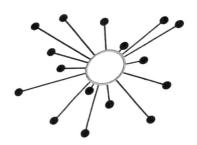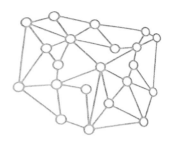

图3-11 ｜ 中心化系统　　　　　　图3-12 ｜ 去中心化系统　　　　　　图3-13 ｜ 分布式系统

更加灵活，它的单一结构空间定位是由用户人群的位置决定的，所以，可以快速激发附近用户的积极性与参与性，利用时间与距离优势，完成定制化设计与个性化服务。面对资源浪费、环境污染、自然与经济发展不平衡等现实问题，人们逐步意识到设计的协调功能与系统观念。空间不再是物质形态的空间，设计也不再是制作某件产品。分布式系统空间模式不但可以降低运输成本、减少材料浪费，还能及时解决问题，提高大众生活效率，它的存在对空间的可持续发展具有积极推动作用。

　　（三）综合式

　　综合式拓扑结构，顾名思义，即一种包含着规则式与不规则式两种拓扑结构的空间结构，它经常存在于诸如院落、古镇、乡村、城市等面积较大、范围较广的空间里。段进先生等曾在《城镇空间解析》一书中，运用拓扑学原理对太湖流域古镇的空间结构进行过分析。将古镇空间分解为"'间'空间""合院空间""院落组空间""地块、街坊空间"四个层次要素。其中，"'间'空间"多为规则式拓扑结构，地块与街坊空间多为不规则式拓扑结构，而且每一层次要素都需经过"相似同构""仿射同构""射影同构""同型拓扑同构"等拓扑转换，最终构成庞大的古镇整体空间。此外，在城市规划空间领域，高效的交通与多元的活动也依赖各种功能空间的合理组织和有序连接，其立体化、综合化的拓扑结构关系可以直接反映城市交通功能与空间秩序的构成逻辑。因此，如何借助综合式拓扑结构的空间组合关系，分析当下城市规划综合体空间的组织模式及其未来发展价值，将值得许多学者关注与探究。

第二节　永恒的追随者：材料

材料既是空间中必不可少的物质构成元素，也是表达空间特有形象的重要途径。充分运用空间材料，能够展现不同空间的不同气质。以倡导简约化、功能化、经济化、大众化的现代主义风格为例，第二次世界大战后，由德国现代主义建筑师路德维希·密斯·凡·德·罗提出的"少就是多"理念贯穿整个现代主义建筑空间表现。如范斯沃斯住宅，该空间注重对材料的真实表达，采用大量玻璃表皮与钢板块结构，体现出一种清晰、理性的空间视觉特征。21世纪以来，随着技术的飞速发展与材料的不断更新，新型建筑材料层出不穷，尤其是在当今注重地域性和可持续性发展的大环境下，人们对空间材料有了更加深刻的思考。

从材料来源出发，寻找空间中可能涉及的材料，主要分为自然材料、人造材料、生态材料三大类。其中，自然材料诞生最早，历史悠久且自然健康，备受自然爱好者与长辈们喜爱。人造材料多伴随工业化与机械化的发展而发展，经济实惠且种类繁多，备受开发商与管理者推崇。生态材料又称"人造生态材料"，是近些年的新兴产物，它主要依托生态设计与可持续发展理念，提倡绿色与环保，极大程度地迎合了新时代新市场以及大众的健康心理需求。

一、自然材料

自然材料，又称"原生态材料"，是指自然界中可以直接拿来用的材料，如木材、石材、砖瓦、竹材等。特别是在生产力水平极其低下的原始社会时期，先民们习惯运用最简单的工具将最自然的材料构筑成最基本的居住空间。而后，随着生产力水平的不断发展，天然材料的加工技术也得到了相应的提升，如古罗马时期用石材建造的万神庙，秦汉时期用土砖建造的万里长城，明清时期用木材、青砖、琉璃瓦等建造的北京故宫建筑群等，这些伟绩均体现着空间材料的特性与魅力，蕴藏着人类文明的智慧与光芒。

（一）木材

提到木材，人们便会联想到森林。作为一种天然材料，木材颜色温和、质感朴实，常给人一种自然、清新、温暖、亲和之感。微观其表，发现木材是由管状细胞构成的，具有细小的凹凸变化，而且经时间沉淀、生命孕育而成的年轮清晰可见，纹理与造型相互和谐、融合统一。此外，由于木材质地柔软、导热性较差，所以，它的触感十分友好，木材也因此被誉为传统材料中最有人情味的一种，经常出现在各种环境空间中。东京大学信田聪学者也有过类似的观点，他认为木造住宅与人体的心理、生理特性、舒适性等健康指标有密切关系。长期居住在木造住宅中可以延长寿命。据相关研究调查，木材空间居住者的平均寿命比钢筋混凝土空间居住者的平均寿命长9~11岁。

中国古代建筑历史可以说是一部以木材谱写的历史。最早可追溯至仰韶文化时期，我国就已基本上形成了用榫卯或样卯连接梁柱的框架结构体系。数千年来，木材见证了我们伟大民族的历史发展、朝代更替与繁荣兴衰，同时，也铸就了我们独立于世界建筑之林的木构建筑体系，无论是宫殿、坛庙、府第，还是民居、商铺、祠堂，皆是以木材在建造房屋。直至当下，我国依然保留有许多木构建筑实例，如五台山佛光寺大殿、应县木塔、恒山悬空寺、蓟州区独乐寺观音阁、北京故宫、苏州拙政园、苗族吊脚楼等。木构建筑最令人惊叹的部分莫过于它的空间构造，就形式而言，主要有抬梁式（图3-14）、穿斗式（图3-15）、井干式、干栏式等，且每个构件之间皆由榫卯连接，抗震性与适应性较强，方便拆卸与组装，易于施工与搬迁。

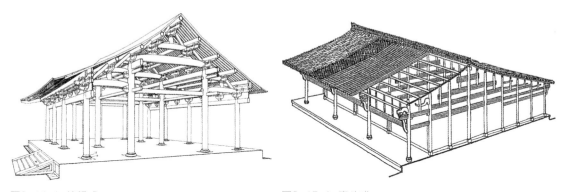

图3-14 | 抬梁式   图3-15 | 穿斗式

第二次世界大战以后，全球科技飞速发展，木材加工技术、计算机技术、胶水黏合工艺等日臻成熟。木材空间的结构更新也发生着天翻地覆的变化，如层板胶合木的兴起、木基复合材的出现、混合木结构的开发与应用等。以英国冬季花园顶棚结构空间（图3-16）为例，该结构属于一种典型的胶合木复合结构，主要运用木、钢、玻璃三种材料来营造某种特定的公共空间氛围。在空间的中心部位，由椭圆形的木拱两端向中部逐渐升起，使整体外形呈波浪形沿街展开。整个结构看似复杂，实际上施工便利、技术难度较低。提前借助先进的计算机模拟技术，使内拱生成宽22 m、高22 m的大跨度空间，既舒适优雅，又安全经济。冬季花园中木材的运用与空间的组织生动而和谐，通透的玻璃引入大量的自然光线，室内配以高大的植物和弯曲的小径，身处其中，使人精神放松、心情愉悦。

（二）石材

同样作为古老的建筑材料，石材不仅质地淳朴、硬度与耐久性较高，而且分布广泛、种类与样式繁多。从块状的毛石、条石，到片状

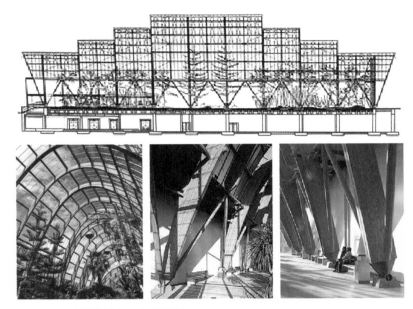

图3-16 ｜ 英国谢菲尔德市冬季花园

的石板、石片，再到粒状的卵石、碎石，皆是装饰环境空间的佳材。此外，各种石材在色彩、肌理、粗糙度、光泽度等方面也均存在差异，不同的种类与工艺能够造就不同的表现效果。美国建筑师弗兰克·劳埃德·赖特曾说过"石材的第一个特点是硬质、耐久和有重量感，宜用于体形简洁、体量巨大而宏伟的建筑；石材的第二个特点是天然肌理、色彩和微妙的线条，无论是粗胚和磨光，都有其各自不同的质朴美。"如埃及雄伟的金字塔（图3-17）、印度精致的泰姬陵（图3-18）、中国精湛的赵州桥（图3-19）以及各样宏伟建筑的基座。又如南宋时期江南地区的淡紫色武康石，元明时期的灰青石，明清时期的暖灰色花岗岩，等等。这些无一不是在借用石材构筑，并将各自独特的气质美表达到了极致。

在中国传统文化中，石不仅是一种常用的营建原材料，还被赋予了许多丰富的人文内涵。所谓"聚沙成塔，垒石为山""一沙一世界，一石一乾坤。"石材作为刚山之基、精神之托，常被比喻成一种硕大、坚定、稳固、永恒、可破而不可夺坚的性格与品质。对石材的情感记忆也并非大型建筑空间的专利，在我们的日常生活环境空间中，也形成了对石材特殊的理解与记忆。如石头民居里层层垒叠的石墙面（图3-20）给我们追溯历史的怀想，园林里碎石铺设的幽径给我们畅游其间的自由，公园里石板铺装的地面（图3-21）给我们以独特的触觉体验，著名的假山太湖石（图3-22）给我们神游自然山林的遐想。清代文人李渔在《闲情偶寄》一书中赞叹乱石界墙是"莫妙于乱石垒成"，并将未经过加工的卵石与乱石形容成山野趣味的象征。石材的空间营造无处不在，并时刻积淀着我们对它的文化记忆与情感眷恋。

图3-17 ｜ 埃及金字塔

图3-18 ｜ 印度泰姬陵

图3-19 ｜ 中国赵州桥

图3-20 ｜ 民居石墙

图3-21 ｜ 石板地铺

（三）砖瓦

除石头和树木之外，大自然还为人类提供了可塑性极强的黏土。天然黏土经过挖掘、夯实、晾晒、烘烤等多种加工工序，便可获得大量的烧土制品，如砖、瓦等。经观察发现，砖最早发明于木材稀少的两河流域地区。直至西周时期，中国才出现了砖。秦朝时期，建造工程相对繁盛，砖的技术与用量均得到了明显的提高。砖的颜色不一，可分为青灰色、暗黄色、暗棕

图3-22 │ 太湖石

色三种，这些颜色并非人为决定，它主要取决于材料本身铁的氧化物的含量及烧制时火焰的性质。而瓦最早出现于公元前3000年左右的美索不达米亚地区，造型多为平板式，而后才逐渐发展为曲面形。西汉时期，圆形筒瓦的"瓦当"兴起，故而有"秦砖汉瓦"之称。后来，随着技术的不断精进，瓦又出现了青瓦、铜瓦、金瓦、铁瓦、明瓦等多种类型。

在中国空间的营造中，受传统阴阳五行观念的影响，人们常将砖材视为阴性材料，并较少用于地面建筑。直至明朝时期，人们对五行的观念逐渐淡化，加上大量建筑营建的用材需求，砖瓦的生产技术与创新成果均得到了突破性提高，如硬山墙、马头墙、南京明城墙、南京灵谷寺无梁殿等。在崇尚本土文化的当代空间中，符合新时代需求的砖瓦的运用也十分普遍，如富春村建筑外墙设计、北京红砖美术馆室内外空间设计等。以北京清水会馆为例（图3-23），整个会馆以红色页岩砖为主，空间中蕴藏着中国传统砖的多种砌筑工艺。在造型设计上，没有过多曲折自然的线条，也没有自然山石水景的装饰。设计者对砖作了崭新的阐释，即通过纯砖的设计语言营造出具有现代意义的环境空间，用料纯粹、造型多样，使整个建筑空间渗透着十足的园林气息，既有趣又独特。

（四）竹材

相较于其他传统材料，竹材结构独特，中空而有节，重量轻、韧性好，更具生长快、繁殖快、短期成材等特性，是一种用之不竭、取之不尽的天然资源。尤其是在南方地区，气候宜人、湿度较大，竹材丰富、产量较多，常被称为"穷人之食粮"。从视觉的角度出发，竹材外形集秀、美、雅、逸于一体，竹竿挺拔俊秀，直入云霄；枝叶潇洒多姿，独具风韵。经过不同的处理方式，竹材可以生成不同的色彩，如青绿色、黄绿色、淡黄色等，给人一种从清新、清

图3-23 | 北京清水会馆空间效果

凉到温暖、安全的感觉。竹材种类繁多、特征各异，如杆形粗直、质地坚硬、劈篾性能良好的毛竹；杆形粗直、易受象鼻虫危害的桂竹；表面光滑、小枝甚多、质地密致的淡竹；竹壁厚度中等、质地硬脆、韧性较差的刚竹；分枝高少、中下无枝、竹壁厚韧的水竹等。从人文思想的角度出发，受其挺拔、坚韧、中空有节等造型特点，竹子在中国文化中常象征着高洁、清雅、有气节。作为"四君子"之一的"竹"也经常出现于文人的生活中，如魏晋时期"竹林七贤"、唐朝时期的"竹溪六逸"等。

竹材，以其特定的时间和空间，诠释着特定的民族与地域文化。在中国，传统竹材空间以其特有的设计语言，传达着悠久而博大的中华文明，讲述着神秘而古老的东方文化。苏轼在《于潜僧绿筠轩》中写道"宁可食无肉，不可居无竹。无肉令人瘦，无竹令人俗。"这表明竹不仅是中国古代文人的生活需求，更是志向、情趣、气节、道德修养等精神层面的理想境界。日本建筑师隈研吾在长城脚下公社中设计的"竹屋"，采用竹子作为主要建筑材料，使整体空间蕴藏深厚的东方韵味。中国建筑师王澍教授在杭州中国美术学院中设计的水岸山居（图3-24）中，就采用了"竹模混凝土"技术，即先把竹片烘干，做成竹片模板，再贴上水泥墙，形成独特的效果，充分体现了其"新乡土主义"的建筑理念。此外，空间内还采用了传统编织手法的竹材栏杆，整体空间自然质朴，充满了新时代"生态归朴"的本土韵味。

二、人造材料

　　"人造材料"的概念与定义是相对于"自然材料"而言的。人造材料常指在自然界中，以化合物形式存在的且不能直接使用的材料，或者自然界不存在的需要经过人为加工或合成后才能使用的材料。伴随着现代社会工业化、技术化、经济化、高效化的飞速发展，我们可将人造材料大致分为以下两大类：第一类是在新的科技、生产工艺的加工下所产生的全新现代材料；第二类是通过新的生产技术、工艺对传统材料进行改良，所获得的完全具备区别于传统材料属性和特征的新型材料。在现代空间形态的营造中，人造材料的运用随处可见，如混凝土、金属、玻璃、塑料、涂料、瓷砖等。

　　（一）混凝土

图3-24 ｜ 水岸山居局部空间

　　混凝土是由胶凝材料（如水泥）、水和骨料等按照适当比例配制后，经混合搅拌，硬化成型的一种人工材料。按照混凝土的功能进行分类，可将混凝土分为结构混凝土、保温混凝土、装饰混凝土、防水混凝土、耐火混凝土等。混凝土最早诞生于古罗马时期的拱券结构中，具有防水性强、防火性强、可塑性强、抗压性好等优点。在建筑师手中，混凝土被视为一种可以非常自由地表达建筑审美取向的材料，它的粗犷、朴实、凝重、冷静等多样表现力是其他材料所不能及的。尤其是在柯布西耶、布鲁尔、鲁道夫等建筑大师的极力推崇下，混凝土成了"粗野主义"建筑风格的首选建材，其代表作品有耶鲁大学建筑系馆、土雷特修道院、朗香小教堂等。而后，随着人们对生活品质的不断追求，一些新型混凝土也应运而生，如导电混凝土、耐热混凝土、透水混凝土、植生混凝土等。

　　混凝土作为当代最主要的建筑材料之一，有着极大的适用范围，我们在各不同类型的空间中都可以看到它的身影。除了"粗野主义"风格外，混凝土还可以表达轻盈与柔美、欢乐与缤纷。如善用彩色混凝土的墨西哥建筑师路易斯·巴拉干，其空间作品总能呈现出浓烈的地域色彩与肌理。又如善用纤细混凝土的日本建筑师安藤忠雄，其空间作品常被人视为"纤若柔丝"的艺术作品。以小筱邸住宅为例（图3-25），该住宅是安藤的成名作之一，其空间在起居室与顶棚的交接处有一天窗，白天阳光照射在平整的混凝土墙壁上，产生了丰富的光影变化。由于混凝土表面非常光洁细腻，在柔和的漫射光的作用下，墙体与屋顶仿佛罩上了一层朦胧的光晕，软化了冰冷僵硬的混凝土界面，使人产生触摸它的冲动。❶

图3-25　｜　小筱邸住宅

　　（二）金属

　　金属常指具备特有光泽（即对可见光强烈反射）而不透明的、具有延展性及导热导电性的一类物质。金属材料种类繁多、颜色丰富。1958年，中国就将铁、铬、锰列入为黑色金属，并将其以外的64种金属列入有色金属，常见的有铝、镁、铜、铅、锌、锡等。除了有色金属，合成金属也是空间中经常出现的材料，如铝合金、钛镁合金、镍铬合金等。与天然材料相比，新型金属材料的施工速度更快、装配更加高效、可塑性与可变性也更强。受不同加工工艺的影响，金属材料可以产生镜面、拉纹、抛光、哑光等不同效果的视觉表象。作为新技术的产物，金属材料成功被选为表现空间"技术美"与"时尚美"的重要媒介与载体。以高层建筑空间为

❶ 高蕾：《材料感知——建筑空间中的材料体验研究》，硕士学位论文，大连理工大学，2009年，第47页。

例，各种轻盈、时尚、虚幻的金属材料随处可见，如钛金属板、抛光铝饰面、不锈钢薄板、镜面钢板等，它们既能表达华丽高贵的美学价值和现代科技形象，又可以有效消除高层建筑自身的沉重感，达到审美与功能的高度统一。

受易弯性影响，金属材料在新技术新设备的作用下，可以加工成各种形状，进而表现扭曲、变形、夸张等美学形态。解构主义建筑师弗兰克·盖里在设计毕尔巴鄂古根海姆博物馆时，首次引入航天工程技术中的钛金属板（图3-26），该材料使整栋建筑表皮银光闪闪，为扭曲不定的体形披上了一套闪烁的"时装"，使前来的游览者仿佛进入了一个未来的时空。在盖里看来"金属是我们这个时代的材料，……它让建筑变成了雕塑。"近年来，随着3D打印增材制造技术的不断成熟，尤里斯·拉尔曼（Joris laarman）团队设计的3D桥空间也采用了金属材料作为打印原料。值得关注的是，设计者在创造极高的质量强度与造型特色的基础上，也极大地减少了加工过程中的材料消耗、能源消耗、零件杂多等复杂问题。

图3-26 ｜ 毕尔巴鄂古根海姆博物馆

（三）玻璃

玻璃是非晶无机非金属材料，其主要成分为二氧化硅和其他氧化物，具有较好的透明性。因玻璃可以快速解决人们对光的渴望，所以，它很早便被广泛应用于环境空间中。回望过去，玻璃最早诞生于古罗马时期，而后在中世纪的哥特建筑中，它常被镶嵌于金属制成的框格中，由于当时的工艺技术有限，导致玻璃的透明度较低，它便被用于填充空间界面或进行空间图像教化，如法国巴黎圣母院、德国亚琛大教堂等室内界面。16~19世纪，随着工业化与技术化的发展，玻璃的透明度越来越高，并广泛运用于各类植物温室空间中。直至现代主义风格的诞生，"玻璃幕墙"兴起，便迅速融入大众生活中，如范斯沃斯住宅、包豪斯校舍等建筑空间。作为一种极具视觉穿透性的空间材料，玻璃不仅可以展现"透"，还可以表现"虚"。结合不同的工艺处理，发现强透明的玻璃可以毫不掩饰空间的结构和构造，具备开放性与通透性，使空间内外相互融合，如理查德·迈耶设计的道格拉斯住宅别墅。而弱透明玻璃的透明度介于实墙和强透明玻璃之间，如玻璃砖、磨砂玻璃、压花玻璃等，具备朦胧感与含蓄美，使空间内外隔而不透、含而不露，如妹岛和世设计的博物馆。

在空间形态的表现中，玻璃的审美特性就在于它的不确定性。利用材料本身的透明、不透明、半透明、反射等特性的交融，可以形成真实而虚幻、理性而感性、含蓄而迷惑等矛盾的美学效果。以美籍华裔建筑师贝聿铭设计的德国历史博物馆扩建工程为例，该工程是一座面积为3000 m²的展厅，在新馆的入口处设置了一个螺旋楼梯塔，展厅空间通体以玻璃作为外墙，中心的玻璃柱贯穿于三个楼层之间，每层的走廊就像露台一样伸进玻璃大厅，构思新颖、颇具动感。此外，与透明玻璃不同的还有彩色玻璃，它更具艺术感。以上海爱庐彩虹礼堂空间设计（图3-27）为例，该空间是一个约300 m²的圆形场地，由彩色玻璃幕墙围绕而成。彩色玻璃图案共有65种不同的颜色与3060个不同的元素，在阳光的照射下，能够营造出各种离奇玄幻的光影效果，完美契合了彩虹的主题与浪漫的氛围。据设计者解释，空间中的基本形状是方与圆，圆代表着圆满和团圆，方则代表着忠诚与美德，两者相互结合，共同赋予了其美好的寓意，使整个空间内外兼容，尽显艺术魅力与象征特色。

三、生态材料

工业革命以后，特别是进入20世纪以来，社会与经济的高速发展在给人类带来了更便捷、更舒适生活体验的同时，也消耗了地球上大量的自然资源，引起了一系列程度不同的环境污染、资源匮乏、生态失衡等社会问题。在这环境背景下，我国也颁布了大量关于自然资源保护与环境生态延续的文件和条例，生态的可持续发展成为当下解决诸多环境问题的重要举措，它也逐步受到国内外相关人群的关注。材料作为人类社会生产力发展的物质基础，在生态性空间

图3-27 | 上海爱庐彩虹礼堂空间设计

的研究与发展中起着关键作用。

　　生态材料，又称"人造生态材料"，是人类基于可持续发展趋势下开发的一系列新兴材料。人造生态材料大多源自废旧的原生态材料，人类通过可持续性利用，使其在加工、提取、制备、使用与再生等过程中，给环境带来最低负担、净化和修复等功效；给经济带来最低成本、持续收益等益处；给社会带来公平、公正、健康与安全等。从加工工艺的难度系数出发，从易至难，可大致将生态材料分为可回收再利用材料、可循环再生材料、绿色复合材料三种，它们在环境空间中运用广泛，且均拥有优良的环境协调性和功能适用性，能够更加全面考虑人类与社会、环境、经济三者之间的生态与和谐关系。

（一）可回收再利用材料

　　节约是一种天性，也是一种美德。在日常生活中，我们经常会将使用过的产品或物质进行二次或多次利用，如将喝完的矿泉水瓶改造成洒水壶、将洗完米的水用来洗菜或冲污等。有甚者还会将喝完的废旧香槟瓶来建造房子，如乌克兰扎波罗热的退休老人瓦拉基米尔·西萨在乡间为自己修建的香槟瓶别墅（图3-28）。然而，对于在建造或拆除建筑物时会产生巨量的建筑废料，如废木材、废砖瓦、废竹材、废沙石等，合理处理和回收利用的价值将会更大。这不仅可以延长材料自身的使用寿命，避免自然资源的过早浪费，还能拓展材料固有的使用功能，延续环境空间的历史感与生态感。

　　以废旧木材为例，在人居环境空间中，常见的废旧木建材主要源于传统木构架、木隔板、木家具等老旧零构件，如果在用完后将其扔掉或作为燃料直接烧掉，一旦处理不当，就会产生大量二氧化碳，进而造成环境污染，提高了空气中的二氧化碳浓度。2005年11月，在国务院办公厅下发的《国务院办公厅转发发展改革委员会等部门关于加快推进木材节约和代用工作意见的通知》中，明确提出要建立废旧利用机制，实施废旧木材再生利用产业化工程。如将废旧木材制造成小型木质产品、木质人造板、细木工板、木塑复合材料、木炭、木醋液等。以德国设计师艾丽莎·斯特洛兹克（Elisa Strozyk）设计的木质灯具为例（图3-29），设计者利用

图3-28　|　香槟瓶别墅

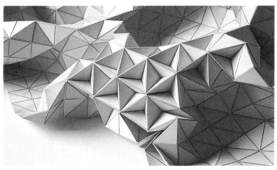

图3-29　|　艾丽莎·斯特洛兹克设计的木质灯具

规则图形拼接的原理，将边角废木料规整地分割成无数细小的等边三角形木片，然后把他们相互紧密衔接，在进行适当折叠后，原先的几块废弃边角木料便可升级为一个时尚且柔软的木质灯具。❶

  此外，废旧砖瓦也是空间设计中常见的材料，如四川美术学院虎溪校区景观空间（图3-30）、南京老门东历史文化街区空间（图3-31）等。当下也有许多建筑师与设计师喜欢回收老房砖瓦或其他建筑零件，并将其艺术化地应用于当代空间中。以业余建筑工作室为例，自2000年起，该团队便着手将回收的旧建材进行全新的房屋建造，并发明了由80多种旧砖瓦混合砌筑的"瓦爿墙"。2004年，运用类似的方法，他们将收集来的700万块不同年代的旧砖弃瓦运用于中国美术学院象山校区的一期建造中。在之后的许多年里，该团队又在浙江的各大小村落收集了成千上万的旧砖弃瓦，运用"瓦爿墙"的方法，将传统元素与当代建筑空间形态紧密结合，进而造就了宁波博物馆、临安博物馆（图3-32）等中国特色建筑。

图3-30 | 四川美术学院虎溪校区景观墙（局部）

图3-31 | 南京老门东历史文化街区局部空间实景图

---

❶ 杨吟兵：《废旧木材在现代设计中的创新性运用》，载《包装工程》，2016（16），第142-145页。

图3-32 ｜ 临安博物馆建筑外墙实景图

（二）可循环再生材料

所谓"循环再生"，就是将废弃的产品或物质进行收集、拆解、粉碎、清洁、二次原料加工等一系列"浴火重生"的工序后制成的新产品与新物质的过程，常见的可循环再生材料有铝材、钢铁、玻璃、纸材、塑料、混凝土、麦秸秆等。其中，铝材的循环再生性最强，几乎具有无限的循环利用性与高度耐用性。据美国铝业联合会官方网站数据显示，至今为止，人类已生产了10亿吨铝材，大约有75%的铝仍在使用中，如常见的铝板砖就是从航天器零件中回收的铝材再生而成的。此外，面对热值极低的建筑垃圾，简单的焚烧与填埋显然是不科学的。以废弃混凝土为例，它可制备或粗或细的骨料，然后用于再生砖等环保建材的制作，或者道路、建筑、墙体等施工环节中。值得一提的是，在不含细骨料的混凝土中混合粗骨料、水泥、水等后搅拌成的成品叫作透水混凝土，它是当下十分流行的一种环保的生态材料。

在环境空间的绿色设计中，纸材也是一种应用广泛且曾一度风靡全球的循环再生材料。1952年，美国建筑师富勒利用纸造了一个三角形多面体构成的穹窿，当时的他把纸作为面型材料运用于"网球格顶"中。1986年，日本建筑师坂茂在为阿尔瓦·阿尔托的家具展进行会场设计时，将纸管作为展馆内墙、天花板、展示台的施工材料，并提出了"纸建筑"的概念。[1]1989年，坂茂在设计水琴窟的东屋时，首次实现"纸建筑"的梦想。该建筑空间墙壁均由48根纸管排列而成，每根纸管直径330 mm、厚度15 mm、高度4000 mm，纸管与纸管间留有30 mm的空

---

[1] 刘莹：《由坂茂的"纸建筑"看低技术设计在建筑中的应用》，载《装饰》，2009（8），第94页。

隙。每当太阳升起，屋外的光线就能透过纸管空隙照射入屋内；入夜后，屋内的光线透过纸管空隙可射向屋外的四面八方。2000年，坂茂设计的德国汉诺威世博会日本馆将"纸材空间"推向了高潮（图3-33）。该空间骨架均由再生纸管构成，覆盖墙面和屋顶的是一层半透明的再生纸膜。空间整体效果不仅满足了展时自然、环保、灵透的感官体验，还满足了展后易拆卸、可回收再利用等循环功能，为临时性空间带来了新的启示。

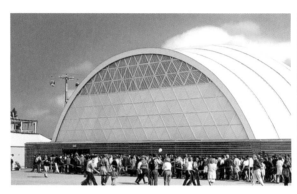

图3-33　｜　德国汉诺威世博会日本馆内外空间实景图

（三）绿色复合材料

绿色复合材料，又称生物复合材料或生态复合材料，属于一种新型生态材料。它的含义有狭义、广义两层。在狭义上，是指组分材料中至少有一种是由天然资源获取并能完全降解的复合材料；在广义上，则指以可再生生物质资源为原材料的复合材料以及生态化的高性能复合材料。近几年，关于绿色复合材料的研发与应用已在材料学、建筑学等各大领域兴起，它们大多是以海带、藻类、菌群、微生物为原料而得的材料。以菌丝体材料为例，该材料是一种真菌的线状体，它的形状有点像蘑菇的"根须"，主要功能在于为真菌提供营养。菌丝体具备坚固、质轻、易加工、无毒、无害、可降解等特点，可与碎木屑、稻草、麦麸、谷物等培养基质共存共生，进而形成一系列从几微米到几米长度不等的管状细丝多孔结构，它可以根据设计者的意愿生成任意造型，且经常在室内外空间中出现。

2014年，设计师大卫·本杰明与Ecovative Design公司合作建造了Hy-Fi蘑菇塔展馆（图3-34），这是一个将生物质材料运用于空间内外的成功案例。设计团队将1万多块由玉米秸秆和菌丝体制成的砖，按照方案预想搭筑成了巨大的展馆模样，空间内外形态有趣、质感独特。该案例的成功不仅丰富了空间材料的选择，还拓展了生物质材料的运用范围。此外，菌丝体在室内空间的营造中也存在着巨大潜能。如英国设计师塞巴斯蒂安·考克斯（Sebastian Cox）和研究员妮妮拉·伊万诺娃（Ninela Ivanova）便使用菌丝体材料设计了一系列由"菌丝+木料"所制成的凳子与灯具。在整个制作过程中，他们将废弃的木料或木屑放入单体模具中，再加入一种名为木蹄层孔菌的镇菌，进而菌丝便会在碎木料中疯狂生长，直至按照模具长成设计师所期望的造型。

图3-34 ｜ Hy-Fi蘑菇塔展馆内外空间实景图

第三节　背后的牵动者：科技

科技，即科学与技术的统称。英国科学史家W.C.丹皮尔曾在《科学史及其与哲学和宗教的关系》一书中提到科学"是关于自然现象的有条理的知识，是对于表达自然现象的各种概念之间的关系的理性研究。"[1]查尔斯·辛格等在《技术史》中将技术认为是"为了满足人类需要而对物质世界产生改变的活动。"[2]科学的目的在于推动知识的进步，技术的目的在于改造特定的实在。[3]由此可知，技术本质上是科学的具体应用，二者相互关联、相互作用。

纵观历史长河，科学、技术的发展与空间形态的演进关系密切。在古代，科技处于手工业时期，人们的需求相对稳定，科技革新力度不大，空间形态也相对稳定。近代时期，受西方新技术、新材料与新形式的冲击，传统空间形态的稳定性被打破。尤其是19世纪末期至20世纪中期，依靠自然科学的最新成就，大批新兴技术涌现，现代主义风格诞生，空间形态得以质的突破。到了当代，随着信息技术、计算机技术、参数化技术、智能技术等的蓬勃发展，环境空间

---

❶ W.C.丹皮尔：《科学史及其与哲学和宗教的关系》，李珩译，桂林：广西师范大学出版社，2001年，绪论。

❷ 奚传绩：《美术，另一种语言》，载《美术与设计》，2007（1），第4页。

❸ 詹和平：《中西建筑室内空间设计比较研究》，南京：东南大学出版社，2010年，第278页。

形态变得更加多元与多变。未来，或许一系列具备可持续性技术的空间形态又将会掀起一场国际性"动荡"。由此可见，环境空间形态的演变与发展深受科技的影响或牵引，正如海德格尔所言"本真的科技才能实现本真的生活环境"。在当今社会，"本真的科技"是途径，也是思路；是内容，也是策略；是过程，也是结果。但需注意的是，科技是手段而非需求，是中介而非目的，是活动对象而非改造客体。为此，正确理解并善用不同属性与定位的科学技术，是实现美好空间形态的重要手段与必要前提。

一、低技术

低技术（low-tech），即传统的和当下比较简易的技术。"低技术"的概念最早诞生于工业革命之后，多指代工业革命以前的传统手工技术，但有些学者认为低技术不应仅限于传统手工技术及其当代改良，还应包含当下的许多操作简易、成本低廉、运作成熟的简单技术，这些技术有的比传统技术更易普及与推广。通常情况下，低技术是基于丰富经验之上所形成的，更加注重保护与传承，无须借助或少量运用现代技术，具有浓郁的乡土味道、地域特色和平民气息，它的生态性、文化性、经济性、普适性较强。低技术的应用往往追求舒适的自然环境、最小化的资源消耗、低廉的造价与成本、简便的施工与操作以及特色的空间形态，非常适用于乡村振兴视域下的技术或经济水平相对落后的传统村落人居环境空间的改造与更新中。

低技术不代表低品质和低效率，它有时甚至高于高技术。如中国传统木构建筑营造技艺，从选址、画图、动土、平基，到构架加工、砌墙、上瓦、铺地，再到装修、油漆彩画、入住等，每一环节均需要精准的统筹、熟练的技术、细致的工艺、融洽的协作，其品质与效率不亚于当今的许多高技术空间。诸如香山帮传统建筑营造技艺、客家土楼营造技艺、侗族木构建筑营造技艺、苗寨吊脚楼营造技艺等中国地方特色传统木构建筑营造技艺，早于2006年就列入了中国第一批非物质文化遗产的行列中，值得大众学习与传承。

以西江地区村落民居中的穿斗式木构架安装技艺为例，大致需要以下六个步骤。第一步，构件加工。在安装之前，需根据空间图纸做一系列准备工作，如制备丈杆（又称杖杆、丈竿、篙尺、篙鲁等）用来确定不同木构件的尺寸以及建筑的面宽与进深；然后对各种构件进行初步去荒与刮刨，并逐一编号、按类分配；根据穿、柱、枋、檩、板、椽等类别，工匠们可分堆且同时对各类零构件展开加工与细化，待所有零构件制作完毕，方可进行安装。第二步，排扇。根据之前各构件上的编号，指挥帮工把相应排架的柱子、穿枋等构件找出并搬运到指定位置，然后先把主要的几根柱子穿上穿枋，从两头往中间穿柱子、用木槌敲紧榫口，打上销子固定穿和柱，按此方法依次组装排架剩余部件，最后上瓜柱和瓜枋。待全部部件组装好后众人再合力把排好的扇移到一边，以便后续工作。第三步，立架。立第一排架时用毛竹或木条或棍将列架支撑加固后，再立第二排架，再将梁枋等横向构件安装在两榀屋架之间，用榫眼钉入木楔加固。照此方法依次安装。屋架立好后，正中梁最后架上，架好正梁需即可请客设宴，庆贺上梁大吉，保佑家宅安宁、家人平安。第四步，吊直线找平。确保构架平稳与安全。第五步，上檩椽。新房框架立成后，工匠们将一根根檩子抬上房顶，在每排柱间齿口上安装檩子，木檩安装完毕再安装椽子。第六步，固定望板。待望板安装完毕，方可继续安装其他零构件或者上瓦。

根据上述步骤可知，中国传统技术在营造空间的过程中，由于各类构建可以同时加工，所以具备极高的模块化与程式化，安装速度快且效率高。但因空间中所有构件均为木材，穿、柱、枋、檩类各构件在尺度上容易受到制约或限制，室内柱子一般存在多而密的现象。整体空间虽质感亲切、自然生态，容易生成若干个小型空间，私密性较强。但空间进深、面宽、高度有限，很难形成大型空间，公共性较弱。因此，此类低技术空间形式更加适合担当农家乐、山野民宿、乡村农居等需要地域特色鲜明或乡土气息浓郁的活动场所。

二、高技术

高技术（high technology，简称Hi-tech）的概念主要源于美国，是一个历史的、动态的、发展的概念。高技术是建立在现代自然科学理论和最新的工艺技术基础上，处于当代的科学技术前沿，能够带来巨大经济、社会和环境效益的知识与技术双重密集技术。在人居环境空间中，高技术常指积极利用当时当地条件下先进的结构、设备、施工、材料等技术与方法，如借鉴系统设计、参数化设计、计算机辅助设计等一系列实施更新的设计手段，将智能化生产技术、新结构技术、新材料技术、新施工建造技术、计算机技术等科学合理地融入空间设计与营造中，运用计算机分析、监测、控制温度、湿度、通风、采光、照明等空间物理环境舒适度参数，进而提升空间使用效率、促进空间设计发展的高级技术。如今的高技术早已不是某一种风格，它象征着科学与理性，强调的是技术的逻辑性，即有程式而无定时。

目前，以高技术为主的空间形态主要有以下两种倾向：第一种是刻意表现材料、设备、结构等技术美的倾向，运用新颖形态、光亮面饰、银色美学、动感空间的艺术，给人们以未来的承诺。如20世纪70~80年代风靡全球的高技派建筑风格，崇尚该风格的建筑师们主要以工业技术为研究内容，并以一种张扬的姿态积极引入当时的大量新技术，代表作有信托控股公司电子车间、巴黎蓬皮杜艺术中心等。而第二种是沿用一般建筑形式，弱化高技术的形式特征，甚至将高技术形式完全消融到建筑中的倾向，这也是未来发展的主流。如90年代后期，在后现代主义思想的潜移默化下，高技术开始重视环境与文化，从热衷于表现高技术建筑的形式转而更注重建筑空间本身的技术含量，以求技术与建筑的高度融合。1996年是高技术方向转折的重要年份，福斯特、罗杰斯、皮亚诺等高技派代表人物共同参与了与赫尔佐格草拟的《建筑和城市规划中应用太阳能的欧洲宪章》的评议和修改，并由此标志着高技术开始转向了更加系统的生态空间领域。

以德国柏林国会大厦室内空间设计为例（图3-35），该设计落成于1999年，主要由福斯特团队负责并承担。福斯特不安于创造没有实用目的的建筑外形和空间，他一改往日风格，运用生态学与社会办公团体间的设计逻辑，在卵形玻璃结构中创造了一种锥形反光构件，将自然光线反射到内部集会空间，其上还附有太阳追踪装置以及可调整的遮阳系统，在提供充分、柔和的自然光照明的同时，进一步防止了太阳辐射热量增加室内的热负荷。另外，在室内空间中心的锥体内还设置了通风管道，它能吸收室内空间中多余的热空气，并通过热量转换器将其中的热量完全吸收。该技术可以使新鲜空气在进入室内空间后缓慢地扩散至各个角落，然后变热、升温、排除，进而使整幢大厦室内空间的舒适度得以大幅度提升。

图3-35 │ 德国柏林国会大厦室内空间实景图

三、被动式技术

被动式技术一般是指"被动式建筑节能技术"，其中的"被动"是由英文passive转译过来的，具有顺从、顺其自然之意。从节约的角度出发，该技术能够灵活运用原空间形式与性能方面的潜力，以环境友好的方式为自身设计出一套自主式的舒适度调控措施，进而创造出有助于人们身心健康的活动空间。在实施过程中，被动式技术主要关注室外空间环境气候条件、被动式技术的实施标准与手段策略、室内空间热舒适要求以及必要的主动式技术补充等方面内容。其中，被动式技术的设计标准与实施规范早已明确。1988年，德国菲斯特教授就设计一种不需要"采暖空调主动供冷热"的房屋，并被称作"被动房"，此后还制定了一整套被动式房屋的技术和施工规范。2011年，中国住建部也提出要大力发展被动式建筑，并结合我国气候条件与居民生活习惯，制定了适合我国国情的被动式建筑技术和施工规范。由此可见，被动式技术考验更多的可能是设计者对室内外空间环境的适应性与通变性。

面对不同的环境空间，被动式技术常依据各地不同的太阳辐射、风力、气温、湿度等自然条件，充分利用太阳能、风能、植被绿化、地质条件等自然因素，然后结合平面布局、方位朝向、形体构造、维护结构、材料选择、色彩搭配、软装配置等空间要素，进行合理的设计与组织，从而使空间充分适应内外环境，以最少的能源消耗为其提供最大化的舒适效果。以哥达HELIOS综合诊所的候诊大厅空间为例，众所周知，现代医院空间，尤其是急诊空间，常给人以冷漠、不安、紧张之感。然而，在HELIOS综合诊所的空间设计中，设计师融入了大量植被绿化，利用绿色植物特有的自然形态、柔软质感、生态色彩、清新气味等特质，有效净化了空气、缓和了病人情绪、愉悦了空间主体精神。不仅如此，植物自身产生的负离子还能对一些慢性病患者有治疗或缓和作用。回归空间形态本身，我们发现该候诊大厅的顶部是一片巨大的玻璃顶，它能够引进大量自然光线，然后结合烟囱效应与风压通风，可有效组织气流调节空间内部的温湿度，使整个医疗环境变成了一个绿色健康的疗养空间，极大限度地提升了空间的舒适度与健康度。

除自然调节方法外，还有蓄热材料、保温材料、双层表皮结构、覆土建筑、体形系数、冷却屋顶、辐射隔离等被动式节能方法与技术。一般情况下，被动式空间并不是某一种节能技术的表现，而是多样节能技术的组合式应用，甚至在某些必要的时候，也会考虑借助少许主动式技术作为补充。以2022年北京冬奥会延庆高山滑雪赛区临时建筑空间为例，延庆赛区地处海坨山区域，气候寒冷。常规的临时建筑普遍存在热阻小、蓄热性能差等问题，冬季供暖能耗远高于永久性建筑。然而此次临时建筑空间遵循成本较低、运输方便、可回收再利用、施工工期短等生态原则，采用了附加阳光间与相变材料维护等被动式技术组合应用的方式（图3-36）。如在建筑南向附加了阳光间，它可将室温最高值降低 2.2℃，低谷值升高 2.1℃，减小房间全天的室温波动。❶又如将相变材料用于墙体、屋顶、地板的保温层内侧，这种操作也可有助于减小房间的室温波动，降低供暖能耗。进而使延庆赛区临时建筑空间在产生特色形态的同时，也能达到节能调温性好、环保效益明显、延长空间使用寿命等舒适与安全的保障。被动式技术作为当下建造和发展可持续空间的最主流手段，其使用范围与应用领域也将会更加宽广。

图3-36 ｜ 北京冬奥会延庆赛区附加阳光间空间及其相变材料维护图

---

❶ 郭宝霞：《奥临时建筑被动节能技术研究》，硕士学位论文，北京建筑大学，2022年，摘要。

四、主动式技术

随着高科技的飞速发展，建造的设备越来越先进。对于一些发达国家而言，提高能源效率比被动节能更加重要。为此，主动式技术应运而生。通常情况下，主动式技术指的是合理利用高效节能的空调、暖气、照明、电器等先进设备与技术手段，并能够在减少能源的消耗与污染的基础上对传统一次能源进行科学利用的一系列技术。即以主动节能的方式来实现空间温度、湿度、空气质量、照明等物理品质的良好控制，进而营造健康的空间环境。早在2002年，丹麦、德国、芬兰、美国等国家的建筑师及暖通工程师等就提出了"主动房"的建筑理念，并在布鲁塞尔成立了国际主动房大联盟（Active House Alliance），开始探索和推广主动式建筑，代表作有哥本哈根大学绿色灯塔教学楼和生命之家住宅等。2013年6月，凭借主动式建筑的技术方法及其设计理念，我国完成了威卢克斯办公楼的建设，这是中国第一个通过国际主动式建筑评估认证的示范项目。随后，主动式建筑理念及其技术在中国逐步推广和应用。2017年5月，中国建筑学会下设学术组织中国建筑学会主动式建筑学会委员会成立，与此同时，主动式技术也引起了更多人的关注。❶

主动式技术既是一个独立体系，又与其他技术密切联系。主动式技术的设计要点主要围绕舒适、能源、环境三个方面展开。其中，舒适性包括建筑照明、环境热舒适、空气质量，其内容更加倾向空间环境的品质与感受。能源性包括建筑能耗、建筑产能、一次能源使用量，其内容更加倾向能源系统的高效利用。环境性包括环境负荷、淡水消耗、可持续施工，其内容更加倾向对地域环境与文化的保护与延续。在人居环境空间设计中，常见的主动式技术有太阳能集热器、太阳能光伏电板、机械发电系统、发光二极管、能源模拟等，它既要对气候和环境的可持续性负责，又要确保居者的身心健康和舒适生活。在一定限度上，它还需在地域文化、节约资源、社会关怀、道德责任等方面起积极示范作用。

21世纪以来，国内应用主动性技术最典型的案例有威卢克斯办公楼和南京绿色灯塔。其中，威卢克斯办公楼项目位于廊坊开发区，竣工于2013年5月，建筑面积为2154.40 m²。该办公楼室内空间具有充足的采光和良好的视野，适当的遮阳设计能够在尽量减少热损的情况下保证室内温度的舒适，强大的保温系统能够减少空调等供暖和制冷设备的使用。在主动技术方面，太阳能发电装置等为建筑提供运行动力，TABS技术、热泵、智能遮阳帘、导光管等先进技术的综合应用，致使该空间能够每年减少电费开销约50万元，年均二氧化碳减排量约250吨。而位于南京的"绿色灯塔"占地面积为9456 m²，于2015年建成并开始使用（图3-37）。空间内的

---

❶ 宋琪：《从被动式建筑到主动式建筑》，载《低碳世界》，2021（3），第125-126页。

图3-37 | 南京绿色灯塔建筑空间实景图

圆柱体能够确保建筑各立面最大限度的采光和通风，窗户朝向、面积、高度的精确计算能够保证最充足的进光量和最少的热负荷。在主动技术方面，风能、太阳能光伏发电装置等可以使建筑自身发电量满足正常的运转需求，从而致使建筑空间自身的能耗约为一般绿色建筑能耗的六分之一，几乎逼近"零能耗"的国际标准。

除此之外，还有部分学者认为，除以上四种技术之外，存在一些诸如可持续技术及其他潜在技术的技术。然笔者认为，就现阶段环境发展而言，可持续技术实际上是一种基于现实环境下的融合，但不完全包含以上四种技术的技术体系，该体系主要包括了外环境系统、空间节能与能源系统、内环境调控系统、材料系统与水系统，其设计内容主要涵盖了场地规划、平面设计、空间构造、形式表现、材料运用、技术优选、环境布置等。对于空间形态发展而言，它更像是一种对未来空间设计的思路指引与价值取向。在信息多元化、科技多变化的大背景下，合适的可持续技术可能是一种以被动式技术与低技术为主、以主动式技术与高技术为辅的结合方式。在实施的过程中，我们需时刻谨记不要盲目跟风某些先进的高技术或主动式技术，而应立足本土国情、扎根时代生活，秉持着一种统筹全局、虚怀若谷的维度与态度，去探讨、选择、运用、研发一批具备促进环境、社会、经济三者协调发展的技术，进而更快实现功能、服务、价值等多方面的可持续目标，使我们的人居环境空间变得更加舒适与美好。

第四章

形境与空间

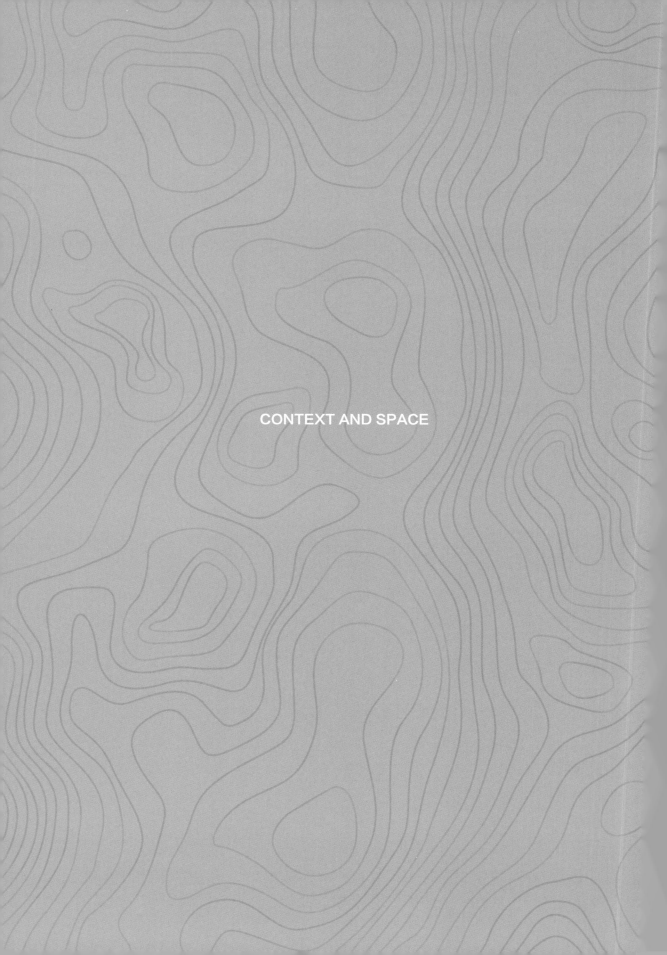

CONTEXT AND SPACE

"形"与"境"自古相依相伴，如果说"形"表达的是空间的外在特征，那么"境"则是在渲染空间的内在魅力。这种理解类似于中国传统绘画中的构图艺术，其空间是随着时间的流动而流动的，它属于一种"可观""可行""可居""可游"的"活"艺术。正如梁思成先生曾言："一般来说，一座欧洲建筑，如同欧洲的画一样，是可以一览无遗的；中国的任何一处建筑，都像一幅中国的手卷画，必须一段段地逐渐展开看过去，不可能同时全部看到。走进一所中国房屋，也只能从一个庭院走进另一个庭院，必须全部走完，才能全部看完。"由此可见，空间的形象表达除了要分析形状与形态之外，形境也是必不可少的一个环节。

关于"形"的概念，前文已有充分的文字解释。那么，什么是"境"呢？在2016年湖南教育出版社出版的《新编现代汉语词典》中，将"境"解释为以下几层含义：疆界、地方与区域、所处的环境与遇到的状况，即空间的范围以及在空间内遇到的各种境况。结合"形"自身的多样含义与特征，我们可将"形境"大致理解为"形"在境域、境遇、境预三层不同空间境界中的物象表达。其中，"境遇"的部分又可分为物质层面与精神层面两大方向。因此，本章的内容将从以下四个方面开展。

第一节　空间境域：为场所而设计

空间是特定场所的存在，场所是有意义的具体空间。正如挪威建筑理论家诺伯格·舒尔茨1976年在《场所现象》（*The Phenomenon of Place*）中提到的"场所是关于环境的一个具体表述。我们经常说行为和事件发生（发生：take place，直译为占据场所）。事实上，离开了地点性，任何事情的发生都是没有意义的"。"空间"与"场所"的关系如同"住宅"与"家"的关系，"住宅"不等于"家"，"空间"也不等于"场所"，只有当"空间"被赋予了来自文化或地域等特殊意义时，"空间"才可以成为"场所"，而成为"场所"的"空间"也必然会具备特定的"形"与"境"。

一、场所的概念与分类

在全球化、城镇化、乡村化的共同作用下，当代中国城乡建设已经进入高速发展期，各种尺度规模的场所设计活动正在如火如荼地展开。关于场所的理论研究，自20世纪60年代起，便被地理学、社会学、环境心理学、人类学、建筑学等多个学科所共同关注。如E. 拉尔夫从现象学的角度出发，认为场所的本质是在生活经验中所构建的意义中心，包含了人在场所进行的活动以及从中积累的记忆，具有历时性。海德格尔从建筑学的角度出发，认为建筑的意义在于建筑是"提供了场所的物"。而诺伯格·舒尔茨更进一步地从建筑现象学的角度出发，认为"场所"是"存在空间"的体现，即人们产生归属感的地方。为此，我们发现在不同的视角下，场所的界定与理解便有所不同。

（一）场所的概念

从人居环境空间的视角出发，"场所"一词又该如何解释？从字面意思出发，"场所"可解释为"活动的地方"。在《说文解字》中记载"场祭神道也。"由此可知，中国古代的"场"就已被定义为人活动的空间，且该空间具有一定的精神含义。在当代社会环境下，"场所"常指代特定的人或事所占有的环境的特定部分，它是一个用于表达客观环境的有意义的整体，并且这个客观环境包含着自然环境与人造环境，它能够反映特定地段中的环境特征及其空间里人们的生活方式。场所容纳了物质与精神两个层面的含义，其一，场所是一个特定的物质空间单元，或是被特定的物质所占领，或是被特定的环境所围绕；其二，场所承载了人们认知空间的历史，以及伴随产生的情感与意义。

通过上段文字的解释，我们可以进一步分析出，当代人居环境空间中的"场所"概念主意涉及三个关键词，即"环境""空间""特性"。从环境的含义出发，场所是关于环境的一个具体表述；从空间的含义出发，场所是在特定地点中促成特定空间的要素；从特性的含义出发，场所是一种不可简约的整体氛围。其中，"特性"是衡量场所质量高低的关键。从某种程度而言，对于"场所"的营造并不只是对单一"环境"的建造，而应同时兼顾"环境""空间""特性"三个方面的衡量与思考。

（二）场所的分类

场所作为具有独特性格的空间，可同时包含以下两个层面。第一，物质层面，场所表示一个特定的空间，包括物质实体与空间组织，并依托于这个空间实体所在的特定区位；第二，人文层面，场所包含了人对某个地方的感受、情绪，以及地方为人所传递出的象征、意义，代表了人与空间之间的关系。结合以上两个层面，我们可将"场所"大致分为场所现象、场所结构、场所精神三种境界，他们的关系类似于空间形状、空间形态、空间形境三者之间的关系。其中，场所现象是普遍存在的，场所结构是对场所现象的分析与解剖，而场所精神是比场所结构更加深层的核心问题。

剖开从物质层面到人文层面的纵向分类，单从环境层面的横向分类入手，可将场所分为自然场所与人为场所。不过，自然场所与人为场所的关系而非序列递进的关系，而是并列互含的关系，只是它们各自所占自然或人为场所的比重不同罢了。自然场所是由一系列自然而然的环境层次所构成，大到国际、国家、区域，小至可以纳凉的树荫之下的地方。而人为场所是指由一系列的人造环境层次所构成，大至城市、城镇、乡村，小至酒店、商场、住宅、临时构筑物等室内外空间。自然场所是天然形成的，具有无限的循环性与可持续性，是我们学习的对象与方向。而人为场所则是人类有目的性的创造结果，场所精神及其人文层面的内涵相对饱满与丰富，值得我们深入剖析。

二、场所营造一：强化城市设计

近年来，为提升城市环境质量，场所营造成为各国关注的焦点。城市场所营造作为一个相对宽泛的概念，涵盖了新城建设、旧城改造、中心区重构、社区环境优化等方方面面。而城市场所的形式主要指场所的实际物质结构，包括气候、环境、建筑、空间形态、界面等。良好的城市场所形式不仅为使用者提供方便，还可为其带来愉悦的视觉感受，形成并增强场所感。健康的城市场所应能让使用者直观地感觉、理解它的形态和功能，体现其易读性。为营造场所感，成功的城市场所同时也是一种有组织的物质环境，它能够有效地吸引多样、活跃的使用人群，让人们在参与活动的同时，获得各自所需的服务、资源与信息。

关于城市场所营造的发展方向，在2022年10月16日党的二十大报告中已有明确指示，即要"提高城市规划、建设、治理水平，加快转变超大特大城市发展方式，实施城市更新行动，加强城市基础设施建设，打造宜居、韧性、智慧城市"的未来发展格局。其中，"宜居""韧性""智慧"是关键。

首先，"宜居城市"是指适宜人类居住和生活的城市，是宜人的自然生态环境与和谐的社会、人文环境的完整统一体，是所有城市发展的共同目标。"宜居城市"建设的目标主要包括安全性、健康性、生活便捷性、社会和谐性、地域特色性。在这些目标中，健康性与安全性是"宜居"的基础。它们要求城市不仅要拥有新鲜空气、良好水质、干净街区与安逸生态，还应具有健全的防灾与预警系统、完善的法治社会秩序、安心的日常生活环境。而生活便捷性与社会和谐性是"宜居"的保障。它们要求城市应具备便利、公平、健全的诸如医疗、教育、购物等公共服务设施，以及方便快捷的出行工具、完善绿色的交通系统，还应具备包容与公正、尊重与关爱、开放与创新、文化与自信的城市氛围。简而言之，"宜居城市"的建设要点在于最大限度地为居民创造和提供一个居住安全、生活便利、工作愉悦、社会和谐、环境宜人、成果共享的工作与生活场所。❶

其次，"韧性城市"是指城市的经济系统、技术系统、基础设施系统在面对灾害的冲击和压力时，仍然能够保持基本功能、结构、系统和特征的不变。"韧性城市"是一种新的城市发展理念。伴随着气候变化、环境危机、各种不可预测的突发公共事件给城市生活造成的严重影

---

❶ 张文忠：《宜居城市建设的核心框架》，载《地理研究》，2016（2），第205-213页。

响，它顺势成为新形势下应对城市危机的新模式和城市可持续发展的新方向。其内容主要涉及鲁棒性、冗余性、包容性、恢复性与适应性，即城市的抵御灾害和减轻损失的能力，备用设施和资源的补充能力，功能、产业、文化和社会的多样性，受灾后尽快恢复的能力，从以往灾害中获得的灾害适应能力。此外，"韧性城市"又是一种理想城市理念，具备安全韧性、活力宜居、绿色可持续等特性。它是我们在城市规划建设管理中，应充分考虑各类安全风险，采取趋利避害的有效适应行动，从生命线工程、城市空间活力、运营治理可持续等方面着手，均能够应对各种风险的、有迅速恢复能力的、绿色有弹性的城市。

最后，"智慧城市"是在城市全面数字化基础之上建立的可视、可量测、可感知、可分析、可控制的智能化城市管理与运营机制，包括城市网络、传感器、计算资源等基础设施，以及在此基础上通过实时信息或数据分析而建立的城市信息管理与综合决策支撑等平台。作为未来城市发展的主流趋势，"智慧城市"能够支持城市可持续发展，推动城市的高效与智慧化治理。具体来说，"智慧城市"可以利用物联网等数字技术，实时控制组织（人）、企业（政府）、交通、通信、水、能源六大核心组成部分的运行和连接，然后用云计算技术对城市数据进行分析和整合，在连接物理系统和提供公共服务的过程中提高资源利用效率，缓解能源浪费、环境污染、人口拥堵、碳排放等"城市病"，进而实现城市场所的可持续发展。❶

三、场所营造二：加快乡村建设

在《中国城市发展报告（2015年）》中曾明言：我国城市建设用地扩张速度明显高于人口增长速度。在过去的34年里，中国城市建设用地增长了6.44倍，年均增长率达6.27%。2014年中国城市人均建设面积为129.57 m^2，大大超出国家标准的85.1～105.0 m^2/人。由上述信息可知，中国在加快城市化进程的同时，乡村凋敝现象也日益严重。吴良镛院士曾在《城市化不应以牺牲乡村为代价》中明确表示"为了发展城市而牺牲乡村，代价是巨大的。我们应改变'重城轻乡'思想，因地制宜采取差别化发展策略，以综合系统的方法应对城乡统筹的复杂性。"❷

中国自古以社稷为重，乡村历史悠久、文脉深远。2013年，习总书记在中央农村工作会议上强调了"中国要美，农村必须美"的重要思想。而后在党的十九大会议中又将乡村振兴战略视为解决新时代我国社会主要矛盾、实现"两个一百年"奋斗目标和中华民族伟大复兴中国梦的必然要求。2022年，在党的二十大报告中又对乡村振兴做了进一步解释："加快建设农业强

❶ 葛立宇，于井远：《智慧城市建设与城市碳排放：基于数字技术赋能路径的检验》，载《科技进步与对策》，2022（23），第44-54页。
❷ 吴良镛：《城市化不应以牺牲乡村为代价》，载《中国战略新兴产业》，2016（17），第95页。

国，扎实推动乡村产业、人才、文化、生态、组织振兴。""统筹乡村基础设施和公共服务布局，建设宜居宜业和美乡村。"其中，"宜居""宜业""和美"是关键。

首先，"宜居乡村"是指适宜人类居住和生活的乡村，以"宜居"为特征的高品质生活功能是现代化乡村的基本功能。由于经济、科技、文化等水平的相对落后，"宜居乡村"与"宜居城市"存在方向性与目标性的差异。乡村"宜居"的要点则更加注重基础条件设施与公共便民服务的普及化以及美丽乡村人居环境的整洁化与特色化。它需要的是坚持城乡之间的互通、共建、同享，推进乡村水利、公路、电力、通信等基础设施建设，增添教育、养老、体育、文化等公共服务场所，持续开展乡村清洁与美化行动。在"宜居乡村"场所的建设过程中，既要确保乡村规划蓝图的特色性与可行性，又要处理好乡村主体与集体土地、集体经济、村民委员会自治等一系列关系的公平性与协调性，从而确保乡村的"宜居"建设可以同地方经济发展水平相适应，同当地农业特色或风土人情相协调。

其次，"宜业乡村"是指适宜产业发展与人才就业的乡村，以"宜业"支撑"宜居"是促进城乡融合发展、实现乡村产业振兴的发力点。乡村"宜业"与城市"宜业"存在着天然差别。城市以聚集产业来创造就业机会、汇集人口，获得规模效益，其"宜业"功能更为突出；而乡村具备适应农业生产、生态涵养等的空间形态特性，人口密度较低、绿色覆盖较高、生态条件较好，更适于以在地而居促就近而业、以本土产业促人才就业，进而来稳定乡村流动人口的规模与结构。尤其在近年来，随着城市化进程的加快以及全球卫生事件的爆发，"城市亚健康""自然缺失症"等现象日趋严重，全龄化开展乡村文化与自然教育活动逐步成为焦点。为此，在"宜业乡村"场所的建设过程中，可适当加入乡村自然教育与人文教育内容，如建设产业科普园、乡村文化长廊、乡村艺术节、乡野农家乐、农业体验园等公共教育空间，既能促进产业宣传推广、丰富乡村环境特色，又能增加人才就业机会、稳定乡村的持续发展。

最后，"和美乡村"是指可以提升村民获得感、幸福感、安全感的和谐美好的乡村。其中的"和"更加注重提升乡村文化内核及精神风貌，突出体现的是和谐共生、和而不同、和睦相处；而"美"更侧重于建设看得见、摸得着，基本功能完备且能够保留乡味、乡韵的现代化乡村。21世纪乡村振兴战略的持续推进，既是对城乡关系的重新审视，也是重新发现乡村价值的过程。在数千年的乡村发展过程中，乡土文化体系依循乡村社会内部的发展脉络而生，其中蕴含着伦理、经济、生态、礼俗、信仰等多样维度，是乡村社会保持活力的根基所在。❶在"和美乡村"场所的建设过程中，尊重地域特色与民风民俗、加强乡土文化传播与传承、拓展传统村

---

❶ 马敏，郝大鹏，刘涛：《植根乡土的乡村活化设计策略——以重庆渝北"巴渝乡愁"为例》，载《装饰》，2020（8），第136-137页。

落的保护与利用是关键。常见的设计手段包括但不限于生态场域、农耕文化、乡土产业、社群关系等方面的活化与利用，这不仅可以激发全村协作力量、营造共同参与氛围，还可以助力宜居宜业的发展趋势，推动乡村振兴的强大合力。

第二节　空间境遇一：为生活而设计

在阐述"为生活而设计"主题之前，先来解释一下"什么是生活？""什么是设计？"根据汉语词义，"生活"是指人或动物为了生存与发展而进行的各种活动，包括衣、食、住、行等方面的情况，是人居环境空间中最活跃与最普遍的部分。中国著名哲学家梁漱溟先生曾经在《东西方文化与哲学》中介绍"据我们看，所谓一家文化不过是一个民族生活的种种方面。"此外，先生还从整体意义上对"生活"进行了解释，他认为生活本身包含非常广阔的内容，诸如衣食住行、交往休闲等人类所有的活动都是生活的表现形式，而且人类的生活需求与生活方式皆会随时代的变化而发生相应的改变。所谓"仓廪实而知礼节，衣食足而知荣辱。"随着生活水平的日趋增高，人们对生活的需求也不再仅限于吃饱穿暖等生计问题上，而是更偏向于精神、思政、文化、归属、自我实现等高层面需求的追求上。

而"设计"作为一种为了满足某种目的或需求，通过人的主观意识、艺术的表现方法等进行的构思与创造，自人类生活伊始便已诞生，如石器、陶器、桌椅、板凳等，这些设计皆为了生活所提供的不同程度的物质便利。2022年，李砚祖教授在《设计的诗性尺度：从生活到"日常生活世界"》一文中提到"设计首先是为生活而造物的艺术，是创造新生活、创造艺术化生活的艺术。因此，'生活'成为设计的出发点和归属，也成为其本质属性和最根本的特征之一。而设计的生活本质，亦使设计本身'生活化'了，成为了人类生活文明的象征和艺术化生活的代名词。"❶空间作为承载万物的媒介，能够装载各种生活产物及其活动。空间设计是生活在三维世界中的具体表现，包含了城市空间设计、乡村空间设计、建筑空间设计、景观空间设计、室内空间设计等，它们均与生活有着千丝万缕的联系。

一、生活与设计的关系

生活与设计的关系类似于人与物的关系。人是造物的主体，也是用物的主体；物是日常之

---

❶ 李砚祖：《设计的诗性尺度：从生活到"日常生活世界"》，载《南京艺术学院学报（美术与设计）》，2022（4），第86-92页。

物，也是基于人的创造，即为人而存在的。人为生存和生活而"造物"与"用物"，设计或造物又是人本质力量的对象化，它能够进一步确证人的艺术智慧和力量，二者相互印证。从艺术视角出发，设计即"生活的艺术"，其本身的造物之美就是生活的存在之美，它是生活艺术化的重要组成部分。

（一）设计提升日常生活质量

生活是设计的起源，设计为生活提供物质基础，设计的根本目的在于满足生产生活需要、改善生活质量，进而使我们的生活变得更加美好。在过去，设计主要为"权贵或神明"服务，如万神庙、圣彼得堡、圆厅别墅、苏俾士府邸公主厅等，生活质量的提升范围仅限于小众群体。20世纪初，包豪斯提倡的"为大众生活而设计"理论应运而生。该理论倡导设计应从生活出发，以大众为本，追求设计的合理性与合适性，并大量运用新材料与新技术，如玻璃幕墙、钢筋混凝土等，部分中产阶级还用上了中央供热系统和空调系统。20世纪70年代，能源危机爆发，巴巴奈克提倡的"为真实世界的设计"思想开始逐渐进入大众视野。该理论除要求设计为广大人民服务外，还提倡为特殊人群服务的设计，如残疾人卫浴设备、开门式浴缸、盲人导视系统等。自此之后，空间设计与生活之间的距离更加紧密，质量也更加高精。

2021年，普利兹克建筑奖获得者诞生，即更加关注百姓生活空间的安妮·拉卡顿和让-菲利普·瓦萨尔，他们曾明确表示"好的建筑不是为了展现什么或者强加于他人的，而应当是熟悉、实用和美观的，并且能够静静地为在其中每天发生的生活提供支持。"1993年，他们将温室技术应用到生物气候调节的领域，利用自然光线、自然通风、遮阳和隔热等手段，创造了可以人工调节的理想微气候，并将其带入法国弗卢瓦拉克的拉达匹住宅空间设计中（图4-1），使其中的住户每天都能享受更加温和与舒适的物理环境。2005年，两位建筑师秉持"永不拆毁"的设计理念，坚持选择适度材料，以较低廉的成本营造更大的居住空间，如法国米卢斯的社会住宅项目。2017年，他们与弗雷德里克·德鲁沃和克里斯托弗·胡廷一起对法国波尔多大公园的三座建筑内的530套公寓进行了改造（图4-2）。在此次空间升级中，他们拒绝涉及拆除社会住宅的想法，优先考虑居住者的生活习惯与生存利益，从可持续技术角度入手，在改善空间使用功能的同时，也为其增加了些许宽敞度与灵活度。值得一提的是，在施工过程中，该项目没有迁走原住宅居民，而且还努力维持着他们熟悉而又稳定的生活状态与日常活动空间。❶

---

❶ 张羽：《安妮·拉卡顿和让-菲利普·瓦萨尔获得2021年普利兹克奖》，载《中国建筑装饰装修》，2021（4），第30-34页。

图4-1 ｜ 拉达匹住宅空间改造效果前后对比图

图4-2 ｜ 法国波尔多大公园G、H、I座大楼530
套公寓改造局部空间

（二）设计改变生活方式

回溯中国人居环境空间设计发展史，不难发现不同时期的设计能够传达不同时期的生活方式，不同时期的生活方式能够表达不同时代的思想潮流。先秦时期，礼乐之教盛行，孔子云"志于道、据于德，依于仁，游于艺"，艺术的宗旨在于明德，造物的目的在于"成教化、助人伦"。如"内有九室，九嫔居之；外有九室，九卿朝焉。"即"外朝内寝"的居住格局；"楹，天子丹、诸侯黝、士黄土。"即室内色彩的等级制度。明清时期，平民化设计思想逐步升温，设计的务实性与生活化更加明显。如李渔在《闲情偶寄》中提到的"房屋与人，欲相其称。"其意不仅指房屋建造需与人的生理和心理相称，还应与人的身份、地位、生活等相称。此外，还有"土木之事，最忌奢靡。""凡人制物，务使人人可用，家家可备。"等观点都体现了彼时空间设计影响大众生活方式与生活态度的思想。20世纪70年代，伴随着能源危机的爆发，环境污染、资源匮乏等现实问题席卷全球，环保、节制、健康的可持续思想成为设计焦点。如运用全面绿化技术拓展室内绿化面积，使人们与自然的距离更加亲近；运用节能技术合理营造室内照明系统，为人们创造更加舒适的光环境；运用绿色材料对中国传统营造手法进行更新，提升人们的中华优秀文化内涵等。由此可见，无论在哪个时间段，设计都具有改变生活态度与创新生活方式的能力。

生活方式，从狭义上可以简单地理解为"生活"的表现形式，包括衣、食、住、行、吃、喝、玩、乐等活动方式；从广义上可以理解为"在一定社会客观条件的制约下，社会中的个人、群体或全体成员为一定的价值观念所指导的、满足自身生存发展需要全部生活活动的稳定形式和行为特征。"2014年，由清华大学艺术与科学研究中心"可持续设计研究所""共享社区发展中心"合作创建的"生菜屋：可持续生活实验室"成功落地（图4-3），"生菜"是农耕生活和农业系统的象征，将项目名称定为"生菜屋"，则是想借此表达设计者对田园生活的无限向往。该项目的核心在于构建资源再生利用的循环系统，这里既是可持续生活的科普教育场所，也是环保设施的实验与测试空间。设计师利用六个6 m长的集装箱构建出布局合理、空间错落有致的模块化住宅空间，将绿色、健康、低碳的生活理念应用到真实的生活场景中，从而带动更多人关注、理解并参与到可持续生活的实践中。❶该住宅空间综合运用了很多可持续技术手段，如回收集装箱改造、清洁能源利用、生活垃圾处理、中水设施与沼气系统应用、有机种植等，通过构建一套相对完整的可持续系统，来实现设计者对未来绿色生活方式的设想。此外，他们还尝试将实验成果拓展到新型共享社区的构建中，进而能够让更多的现代人重获拥抱温馨邻里关系的可能。

图4-3 │ 生菜屋：可持续生活实验室空间设计效果

❶ 刘新，贺鼎，王蔚孔，令晨：《生菜屋：可持续生活实验室》，载《室内设计与装修》，2015（7），第132页。

二、生活对空间形境的积极影响

随着科技化、信息化、智能化的流行性发展，当今的人居环境空间形境同万花筒般千变万化，而绝大多数的优秀设计皆是基于生活需求而产生的。它们并不一定具备前无古人或惊天动地的新技术，但常常能够利用平平无奇的现有技术的重构或组合，来解决当下许多棘手的生活难题，或创造许多应需的生活空间，有时这些空间还经常伴有无微不至的人情关怀，能够以各种合适的姿态丰富大众生活，提升生活质量。同理，千变万化的生活需求与环境也能给空间形境带来许多积极影响。

（一）生活为空间形境设计指引方向

设计源于生活，且最终服务于生活。设计不是脱离社会现实自娱自乐，而是有针对性地解决某些现实问题，而这些问题多半源于设计师对生活的关注及应对。与此同时，人们还创造出了具备历史性与超规模性的居家办公及在线教育等新生活行为。"健康人居环境"成为新时代的"热词"，能否提供应对突发事件的健康的、安全的空间设计也成为国内外设计师关注的焦点。清华大学宋立民教授曾提出：在多户型住宅中将自带卫生间的房间设置为"隔离房"，并在"隔离房"中设单独的空调系统和上下水管道系统，室内应设有"应急储备空间"等概念。此外，也有其他的专业人士提出了住宅空间应设有"简易洗消空间"等设计理念。

（二）生活是检验空间形境质量的重要渠道

设计是为人类生活服务的，人们的体验舒适度是衡量一件设计作品好坏的重要标尺。舒适是一种来自生理和心理的自在安逸的状态，而空间设计的舒适性主要分为技术性舒适与非技术性舒适两个方面。其中，技术性舒适是指借助现代技术手段进行的环境舒适度控制，常指代各种建筑设备系统，如空调、暖气、智能家居等。工业革命后，人们习惯将"恒温恒湿"的热中性环境空间视为高水平的室内设计，然这种"舒适"并不等于健康，清华大学朱颖心教授研究表明"热中性环境不仅浪费资源，而且对人体健康不利"。真正的"舒适"是一种技术与非技术、生理与心理、物质与非物质、人类与自然之间微妙平衡的把握。优秀的空间形境设计不仅要拥有合理的技术性舒适，还应充分考虑绿色生态、情感共鸣、文脉表达等非技术性舒适表达，这既有利于人们的健康生活，又有利于空间设计的多元发展。

（三）生活促进空间形境的中国式特色发展

生活需以时代背景为依托，"为生活而设计"从某种程度来说是时代价值的艺术表达，时常起着响应国家政策、引领健康风气等重要作用。"文化是时代前进的号角，最能代表一个时代的风貌，最能引领一个时代的风气。"在奢靡消费之风盛行的今天，呼吁设计回归生活，挖掘中华优秀文化与当代生活空间的联系，维护中华优秀文化的可持续发展，探索空间形境与地域特色、本土文化、环境保护、绿色技术、资源节约、务实真诚等领域之间的平衡关系。这不仅对"享乐至上""金钱至上""为利益而设计"等不良风气有抑制作用，还对"舒适性设计""诗意性设计""中国式设计"等健康风气有引领和推动作用。一个优秀的空间设计师既要坚持以人民为中心、为生活而设计，又要积极参与市场调研，进行社会实践，在交流设计之际注重健康生活、正能量思想、本土文化等精神内容的表达与传播，在提升大众审美与生活质量的同时，促进"人人设计"意识，这在一定限度上也有助于增强民族凝聚力与文化自信。

第三节　空间境遇二：为文化而设计

随着全球化进程的飞速发展，文化软实力地位日益凸显，文化交流已成为当下的主要活动之一。在各国文化相互开放与交流的过程中，诸多负面影响也随之而来，如行为或思想过渡西化、易被大众娱乐文化误导、本土优秀文化不自信等。中国作为世界四大文明古国之一，历史悠久、文脉深厚。在当代国际文化交流的进程中，中华文化占据一席之地，不应被盲目割舍或弱化。文化作为外显行为模式和内隐价值观念在人造物中的具体表现，它常通过比拟和象征来进行获取与传递，并构成各类群体的独特成就。空间是一个集功能、技术、历史、精神、伦理与艺术的复合群体，其设计文化非常丰富。设计文化不是一场文艺复兴运动，而是人类重新认识自己、重新认识自然、重新认识社会、重新认识其相互关系的一场持续性的革命。如果说技术手段与实用功能是空间环境的现实基础，那么文化与精神则是空间环境的内在灵魂。健全的空间设计不仅要满足生理与安全等方面的物质需求，而应满足心理与文化等方面的精神需求。举精神之旗、立精神支柱、建精神家园。弘扬中华优秀文化十分必要，它早已成为社会发展的核心要素。

一、以形表文：文化在当代空间中的形态表达

文化是设计的底蕴，设计是文化的载体。当文化作用于空间时，其本身就是空间设计的方向与结果。关于文化的分类，界定多样、分支细杂。从精神层面来看，不同族群的认知差异会导致空间文化的设计路径与评判标准存在差异；从行为层面来看，不同族群的生活方式和习俗往往意味着空间使用诉求的极大差异；从物质层面来看，不同族群的地理因素、科技水平、生产工具等方面的差异也会引起空间表现的差异化发展。为此，本节内容从个体、自然、社会三个层面出发，将设计文化大致分为吉祥文化、自然文化、地域文化三大类别，并针对不同的文化类别，逐一探讨各自空间形态表达的差异。

（一）吉祥文化

吉祥文化属于个体文化的一种，它同时又是民族文化的直接产物。吉祥文化的演变深受国家或民族各自独特的传统习俗与文脉的影响，并无孔不入地根植于每个人的内心深处。在中国，吉祥文化的应用范围十分广泛，它常以图形或纹样的方式装扮着各类空间。所谓"纹必有意，意必吉祥"，从复杂的具象形到简约的抽象形、从动植物纹样到几何图形、从二维的平面表达到三维的立体呈现、从特殊的宗族象征到美好的精神祝愿、从贵族的专有特权到大众的普遍认知，吉祥文化无处不在，且文脉特征明显。

在当代空间中，吉祥文化的表现形式大致分为以下两种。

其一，趋向于简约几何图形。尤其在新现代建筑主义的诸多空间作品里，就装饰着各种美好寓意的几何图形。如圆形象征美满与和平、三角形象征稳定与崇高、菱形象征变化无穷或生殖崇拜、类似方胜纹的双重菱形象征同心同德或情比金坚。以苏州博物馆空间为例（图4-4），贝聿铭先生及其设计团队将苏州传统园林里平桥、花窗、亭台等经典元素浓缩成三角形、四边形、六边形、八边形等多边形图形，并贯穿于建筑空间界面之上。馆内的各个陈列室内布局多呈八角和矩形，且每隔一段距离就会出现一个八边形的展示空间，它的边上又常围绕着矩形的展厅。这些几何形体看似简单，但结合结构组织、颜色搭配、软景布置等布局设计，却能营造出一种素雅优美、和谐秩序的江南意境，使中国传统江南园林文化在现代建筑美学形式中"活"了起来。

其二，趋向于结合了现代材料的吉祥简单纹样。尤其是在一些酒店、餐饮、会所等商业空间中，依然喜欢装饰此类吉祥纹样，如象征丰衣足食的蝴蝶纹、象征年年有余的鱼纹、象征健康长寿的万字纹等。以浙江南浔求恕里·花间堂的渔樵耕读主题空间为例，渔樵耕读即渔夫、樵夫、农夫与书生，

图4-4 ｜ 苏州博物馆室内外空间实景图

它是中国农耕社会的四大职业，常代表着对于田园生活的恣意和淡泊自如的人生境界的向往。空间中的蓝色系列客房内部就装饰有中式波浪纹样与鱼鳞纹样，给人一种被水波轻柔包围的舒适感。此外，在许多建筑空间界面上，也存有大量现代化吉祥简单纹样，如隈研吾事务所的北京前门胡同、王澍设计团队的南京三合宅等（图4-5、图4-6），它们均采用了当代材料与吉祥文字纹样的结合手法，使空间在满足当代建筑审美与功能体验的同时，增添了些许中华民族特色及其传统意境。

图4-5　｜　北京前门胡同空间局部

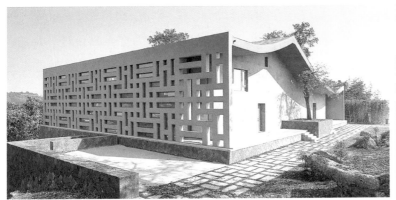

图4-6　｜　南京三合宅建筑外立面

（二）自然文化

自然是指自然而然存在的世界或宇宙，它既可以指物理世界的现象，也可以指一般的生命。在大众认知里，自然就等同于"自然环境"，它包括了河流、冰川、岩石、山林、野生动物，以及没有被人类干预实质性改变的东西。换言之，我们人类本生于自然，所以我们的存在及其生存空间皆是大自然中的某种现象。自然孕育着我们，同时也孕育着整个人居环境空间。1951年，德国哲学家马丁·海德格尔提出了"诗意的栖居"理念，为理想的人居环境空间指引了方向。20世纪60年代以后，随着生态危机的爆发，亚尼科斯基提出了"生态城市"的概念，钱学森先生提出了"山水城市"的概念，即建立具有中国特色的人与自然和谐共处的人类聚居环境。随后，一批以崇尚自由、虚实的中国传统山水观为主的空间诞生，群山、巨石、流水等元素均成了空间表现的形态来源，设计师想要通过山水形态空间来唤起人们对中国传统自然文化以及生态文明的记忆与共鸣。

在当代空间中，关于自然文化的表现形式大致也有两种。

其一，趋向于具象表达，即以直观的方式演绎自然山水的具象形态。以中国建筑师马岩松的"山水建筑"系列为例，设计者善于将自然中的"溪、石、谷、峰"等形态和空间转化成大尺度的建筑形式，如南京证大喜玛拉雅中心项目（图4-7）。该建筑空间整体以柔和有机的曲线造型展开，外围的高层办公综合体似蜿蜒曲折的群山，纯白的竖向遮阳百叶如瀑布流动于"山体"之上，呼应了高山流水的自然形态。楼宇之间散落着低层坡顶小屋，呈现出村落式的布局方式，延绵的天桥连接各个街区。设计者通过借景、留白等中国式设计手法，将建筑和环境进行了巧妙的串联，使人造塔楼与北侧自然湖面互为映衬，进而模糊了近景与远景的界限，使自然山水在城市空间中渗透与延伸。该空间生动表现了人类、建筑、自然三者之间的共生与共情，也试图折射出了智慧的东方哲学和山水意境。

其二，趋向于抽象表达，即在当代空间中注入自然山水间曲折蜿蜒、此起彼伏、惬意自在的空间体验与感受。以中国美术学院象山校区为例，校园整体保留了原始的地形地貌和自然生态，建筑的体量与造型多以隐退的姿态呈现，采取底层局部架空、窗洞大小不一、人字形屋顶错叠等方法，与周围高低起伏的地势相互呼应，使整个空间布局呈现出山地聚落的形态。在这个"山地聚落"中，矗立着一栋以山水命名的建筑，即"水岸山居"（图4-8）。该建筑空间入口低矮狭小、紧凑压抑，绕过深邃的夯土

图4-7 | 南京证大喜玛拉雅中心项目

片墙、穿越异形的洞口，观者的视线方可得以延伸。整体空间内部廊道曲折、上下穿行，直至院落中心，天井似的景观使人眼前一亮、豁然开朗。设计团队将传统村落、古典园林、山水画等形态意境视为空间体验的核心，借助二维山水画卷转化为三维立体空间的处理手法以及园林式"欲扬先抑"的叙事方法，将中国传统村落空间布局形态浓缩于一个错落起伏的巨大屋檐之下，传达具备中国本土特色的建筑空间意象和自然山水情境。

图4-8　|　"水岸山居"建筑空间

（三）地域文化

近年来，在国家大力发展和复兴中国传统文化的大背景下，地域文化逐步被社会各界所关注。"地域"即地方特征和文化特性的集体反映，具有一定的虚拟感，是经过长时间的行为活动而累积的区域经验，具有发展和传承的意义。而"地域文化"，顾名思义是指在特定某个区域具有本区域独特的文化，能够反映出所在当地区域的传统文化及其文脉底蕴。从某种意义上来说，地域文化象征的是相应区域的特色发展，它包含的自然环境要素与人文环境要素都可作为人居环境空间的设计元素。因此，地域文化与特色人居环境空间密不可分。

地域文化意趣的表达，既是对人性的关怀，也是对文脉的传承。在当代空间中，对地域材料的回收再利用是地域文化空间形境的主要表现形式。以景德镇城市空间设计为例，景德镇又称"瓷都"，该城市的陶瓷既是材料，也是文化。走进景德镇，城市里随处可见以陶瓷为主料制成的各种照明灯具、休闲座椅、艺术标识等公共设施。设计者通过各种艺术手法对新旧材料进行解构与重组，将景德镇陶瓷材料的人文魅力诠释得淋漓尽致。此外，在空间材料中注入地域文化也是一种有趣的表达方式。以业余建筑工作室设计的杭州国家版本馆为例，杭州作为南宋都城，该设计以传承地域文明为旨归，将当代空间与宋代意韵进行碰撞与交融，既合理又合适。除了沿用宋代山水画空间、古籍营造技艺等过往设计思路外，设计者还创新了一种晶莹温润的材料，即"梅子青"色的青瓷板（图4-9）。青瓷是一种浙江特有的材料，常表现在日用器具上，且颜色多样、区分微妙。该设计突破传统思维，将宋代水墨晕染法、宋代制瓷技法与当代技术相互融合，造就出了大尺寸的色彩雅致的青瓷平板，给当代空间界面及其建筑材料灌入了具备杭州特色的南宋文明，使空间形境达到了一种新高度。

图4-9 ｜ 杭州国家版本馆里的青瓷板空间

除材料的应用外，局部还原或保留原始地域空间也是当代地域文化意趣表达的重要方式。地域文化的传播与发扬需要大众的共同参与，其感受对象不仅局限于地域人，还包括更多外域人。而地域文化空间的营造也不仅局限于地域人文特色，还包括地域自然环境。借助材料、动物、植物、构筑物等当地特有元素，在人居环境空间设计中还原一处真实立体的地域特色空间，将有利于加深大众对地域文化的感受与体验。尤其是在科技迅猛发展的当下，一些新兴科技产品也可以适当融入人居环境的文化空间创建中，如全屏投影技术和VR虚拟科技技术。其中，全屏投影技术常运用在空间界面上，通过投影技术展现出当地区域的民俗民风，使观者在封闭的空间中就能感受当地特有的文化氛围与传统魅力。而VR虚拟科技技术可以将地域场景进行三维虚拟处理，让观览者能够更加身临其境地了解该区域的历史发展，感受该区域的特色文明，从而生成实中有虚、虚中有实、虚实相生的地域文化空间意境。

二、以文探境：探索文化空间的形境生成途径

形境是当代人对环境意念的延伸，也是当代人对质感生活的追求。文化空间的营造反映的是当代人内在的精神向往，展现的是中华民族伟大的艺术魅力与文化自信。在当代空间形境的表达中，文化的形境活化并非是对原文化的照搬挪用，而是秉持突破传统束缚和限制的态度，在正确了解与学习的基础上结合当代设计手法的变化与再生，使优秀文化与当代空间和谐共生，并赋予当代空间在精神层面的意蕴表现和创新发展。

（一）学习与体验

打造文化空间形境的基础在于学习与体验中华优秀文化的内容及其场域。常规理解下，学习与了解隶属教育的范畴，它们的进程离不开教学环境与教育方式。空间作为承载万物的容器、孕育传统文化的摇篮，其存在形式包括学校教学空间、艺术活动空间、社区公共空间、文化景观空间、博物馆空间等私密或半私密、开放或半开放的空间。在这宏观的空间体系中，了解与汲取中华优秀传统文化的实施方法主要包括以下两点。第一，丰富空间教育内容，增加文化学习机会。在空间中适当增加吉祥文化、自然文化、地域文化等中国优秀传统文化知识，使游览者在空间中不知不觉地领略中华优秀文化与健康精神的熏陶。第二，加强空间虚实体验，注重文化教育牵引。适当在环境空间中渲染中国特色文化氛围，既有利于服务地方或校园艺术教育特色建设，又有利于加深大众对中国优秀传统文化的感知，使其在感受与体验空间之余认知空间与拓展空间想象，进一步促进文化空间形境的生成与建设。

（二）保护与传承

打造文化空间形境的重点在于保护与传承中华优秀文化的体系及其灵魂，即在学习与体验中华优秀传统文化的基础上给予其最大限度的尊重，并将其内在精神以适当的方式重现在大众面前，进而助力空间文化教育的高效建设。在实施方法上，我们应拓展空间范围，力求在虚实空间中展现具有中国特色的高质量、高品位的文化作品，努力践行把空间专业知识、中华优秀人文内涵和艺术教育进行相互结合，从小空间通往大空间，进而通过各种渠道服务于大众和社会。以传统村落民居营建工艺数据库建设为例，该项目源于国家"十二五"科技支撑计划《传统村落民居营建工艺传承、保护与利用技术集成与示范课题》的部分内容，其主要任务在于调研全国典型地域传统村落民居营建工艺，建立传统村落民居营建工艺内容体系，最终将收集整理来的关于形制、工法、工序、装饰、修缮等13个板块（总共2457个编目库）建成传统村落民居营建工艺数据库系统。其主要目的在于将中华民族优秀传统建筑工艺文化在当代先进科技的辅助下得以保护与传承，让大众在更加庞大与永久的平台空间里了解与感触中华优秀传统文化的魅力，从而间接促进了文化大空间形境的传承与发展。

（三）创造与开拓

创新是发展的第一驱动力。打造文化空间形境的关键在于发现与创造中华优秀文化的时空延续及其多元转化，并在当代科技与先进思维的辅助下，开拓出一个具有启发性的新文化空间与新时代精神。以2010年上海世博会中国馆41 m体验展示层的《智慧之旅》空间设计为例，该展厅空间的特色在于其不拘泥于单纯的传统结构细节形式，而是巧妙将中华优秀传统造园中的"天人合一""美美与共"等文化空间思想与精神，通过古今对话和漫游的艺术手段与当代城市元素进行相互衔接与碰撞，使观者在相对对立的空间中也能深刻感受到中华优秀传统文化的内涵，了解中华民族历史的变迁，体验当代文化发展的多元，领略新时代大众生活的美好。由此可见，优秀的空间设计不仅是一种健康而美好的精神食粮，更是一种促进民族自信与文化自信的有力媒介，它能够使我们在国际交流中，更加坚定而自豪地向世界展现新时代中华文明的精华与魅力。

三、以境启意：文化空间形境的存在意义

众多周知，中国画讲究"景在画中，意在画外"，其中"画"似"形"、"景"似"境"，即"形"所表达的"境"能给人以无限的想象和无穷的意蕴，"形、境、意的相互结合"才是当代文化空间的最高境界。由上文内容可知，文化形态在空间中具有美化信息、寓意象征、情感寄托、文脉传承等现实价值，而文化空间形境的传达不仅要注重优秀文化的当代形态转型与再生，更要注重文化意境的营造及其思想精神的延续。

（一）树立健康的文化观

新时代，社会文化丰富多样，尤其是在社会文化中起主导作用的大众文化，它常以市场为依托，具有强大的资本支持，为满足大众的娱乐性趣味，其所倡导的精神常与学校提倡的价值观有所错位与对立。如反现实主义虚幻性、非道德化、缺乏创造性、享乐主义等。大众文化应当亲民、通俗，也应当健康、积极，不可因一味地追求"娱乐性"和感官刺激而走向低俗、媚俗、恶俗的极端。而健康的文化认知有利于健康的社会发展。这就要求空间设计者在设计环境中合理科学地融入健康、积极的文化内容，以润物细无声的状态影响大众审美与文化意识。这不仅有利于提高大众健康的文化认知，增强其正确的鉴别能力，还有助于促进大众树立正确的历史观、民族观、国家观、文化观，进而自主自觉地抵制低级趣味、培养高尚情操、助力个体及社会的健康发展。

（二）弘扬中华优秀传统文化

"文化是民族的血脉，是民族的精神家园。"中华优秀传统文化作为中华民族的"根"和"魂"，蕴含着丰富的思想观念与人文精神。《考工记》中有云"天有时，地有气，材有美，工

有巧，合此四者，然后可以为良。"这既是古代工艺技术的造物原则与价值标准，同时也指出了中国"和合思想"的理念。《道德经》中有云"凿户牖以为室，当其无，有室只用，故有之以为利，无之以为用。"该句表面上是指建筑实体与空间之间的关系，实则揭露了世间万物相互依存与作用的和谐共生观念。人居环境空间作为文化活动的重要场域，拥有深厚的文化积淀，是中国优秀传统文化的物化载体。梁思成先生曾将中国古代建筑的思想特征归纳为"建筑活动受道德观念的制裁、着重布置的规制……"由此可见，营造中国优秀文化空间可以提升审美与人文素养，也可以促进道德观念与哲学思想的发展，其空间形境还可以促使体验者更加直观地领会中华思想之精华，凝聚民族精神之魅力，进而提升大众对中华优秀传统文化的认同感、归属感与自豪感。

（三）建立民族本土文化自信

回眸历史，无论是红军长征的信念美、团结抗战的意志美，还是改革开放的创新美、践行中国梦的实干美，中华优秀文化无处不在。在中国从站起来到富起来再到强起来的历程里，向西方优秀文化学习与借鉴是必不可少的。不了解外面世界的"自信"实质是一种变相的"盲目自大"，只有打开视野，用世界性的眼光来审视中国传统优秀文化，方可发现中华民族本土文化的博大与精深，同时，也可对不足之处进行合理且正确地改善。立足本土特色、增强文化自信、传承和弘扬中华优秀文化是历史的必然选择，也是我们同世界平等交流的重要砝码。以人民大会堂室内空间设计为例，该设计无论是理念、装饰，还是材料、技术，均体现中国本土优秀技术、艺术与文化的完美融合，如代表着党的领导和人民群众一切美好愿望的具有"水天一色"意境的大会堂穹顶，象征着人民朴实生活作风和豪迈英雄气概的中央大厅，还有人民群众集体创造的悬空8层脚手架，以及历时一个多月的装修时间等，皆展现了我国人民优秀的文化智慧与强大的民族凝聚力，所见之人无不为之惊叹，其建造的发展史至今看来仍振奋人心。巩固本土文化、建立民族自信，不仅可以树立正确的历史观、地域观、民族观、国家观，还可以彰显中国特色社会主义的道路之美、理论之美、制度之美与文化之美，从而可更进一步地坚定中国立场与文化自信，促进中华民族的伟大复兴。

第四节　空间境预：为可持续而设计

"为可持续而设计"不仅是全球未来发展的主要方向，更是中国式现代化发展战略的重要使命任务。

一、可持续设计的概念及其缘起

可持续设计是协调人、环境、经济、社会多方关系并使其共同发展的，包括有形的产品、建筑、景观（生态）等和无形的社会（服务系统、商业经济、思维架构、生活方式、群体关系等），以介于有形与无形间的技术、教育等为设计对象的，以减少污染能耗、合理配置资源和构建美好生活为目标的综合性设计。[1] 可持续设计是可持续发展观在设计领域的具象延伸，可持续发展常被理解为是整个世界系统的和谐良性运行，主要包括自然和谐、人居和谐、社会和谐三个方面。其中，自然和谐是基础，人居和谐是核心，而社会和谐则是前两者共同作用的场所与结果。为此，可持续设计坚持可持续发展5R原则，即Revalue（再评价）、Reuse（再利用）、Recycle（再循环利用）、Renew（旧空间再造）、Reduce（减少资源浪费），应以环境可持续为基础，经济可持续为保证，人居和谐与社会可持续为最终目的，进而通过以小见大的方式，促进整个世界系统的和谐与共赢。

关于可持续设计的缘起，大概可追溯到工业革命以后。自"有计划废止制度"起，为促商业消费，设计便成了环境污染的隐形"帮凶"。20世纪70年代，能源危机爆发，巴巴奈克的《为真实世界的设计》敲响了环保警钟，人类开始意识到环境保护的重要性。1972年，联合国人类环境会议首次提出"可持续发展"的概念；1987年，联合国环境委员会主席首次提出"可持续设计"的概念；2006年，WDO（原国际工业设计协会）将可持续发展与环境保护定为设计师的首要职责。此后，国内外大量设计院校与组织兴办可持续设计交流平台，探讨可持续设计的相关实践案例及其理论观点，如2009年清华大学、同济大学、江南大学、广州美术学院、湖南大学、香港理工大学和米兰理工大学七所高校的设计分院联合发起了"社会创新和可持续设计联盟（DESIS-China）"；2011年清华大学美术学院、湖南大学设计艺术学院共同发起了"国际性可持续设计学习网络（LeNS-China）"等。

二、可持续设计在空间形境中的常用原则

美国社会哲学家刘易斯·芒福德曾说过"建筑艺术只有在它为人服务、改善人的环境、促进社会的发展、提高人的自我意识等方面取得成功时才算成功。"结合当下时代需求，我们发现可持续设计既需要物质的可持续，又需要精神的可持续。作为一个宏观的未来设计方向，可持续设计涉足方方面面，与空间形境的营造有着密不可分的关联，甚至在许多设计方法上面都

---

[1] 刘婷婷，龚敏琪，陈泳琳，胡飞：《可持续设计方法的多维分析及其可视化》，载《包装工程》，2020（4），第55-69页。

极为雷同与相似，如要素整合设计法、全面参与设计法、全生命周期设计法、递阶设计法、设计试验法等。然而，方法的诞生常源于一定的规则或规律。在空间形境的营造中，可持续设计的常用原则大致可分为以下六点。

第一，环保宜居的人性化原则。从人居的角度出发，可持续环境设计的根本任务就是在保护环境的前提下为人营造宜居的生活环境，即安全、健康、舒适、优美的人性化环境空间。

第二，节约适用的经济性原则。从整体利益的角度出发，遵循适度的理性态度，拒绝浪费与奢侈，以最小的人力、物力、资金的投入，来达到实用、方便、经济等方面的最大回报。

第三，公平众益的伦理性原则。从健康社会的角度出发，可持续设计应遵从公平、平等、众利、均益的伦理原则，在满足自身健康发展的同时，也要更多地考虑他人与子孙后代的健康发展，尽量使自然资源与社会利益平均惠及每一个人，特别应注重为儿童、老人、残疾人士、低收入阶层、孕妇、伤病者等社会弱势群体而设计。

第四，多元并茂的文化性原则。从文化的角度出发，设计中应强调与弘扬地方或国家的特色文脉，如尊重地域文化、继承传统文化、表现民族文化、展现当代文化、普及可持续文化等，使世界诸多文化和谐并茂、共同进步。

第五，表里动人的艺术性原则。从审美的角度出发，设计离不开艺术，环境设计既要满足设计对象的传统艺术美与技术美，还要体现整个环境的生态美、诗意美，以及可持续之大美。

第六，身心安逸的情感性原则。从情感的角度出发，作为属人空间的可持续环境应该保有生活本质的情感意义，给予我们强烈的关于自我和世界的精神回响，使人们在一个可观、可触、可感的空间环境中找寻一种感官愉悦、心情惬意、情绪安宁的精神归属。

三、可持续设计在空间形境中的应用表现

从历史上讲，可持续设计的演变是从相对独立的、以物为中心的视角逐渐向更加系统的、以人为中心的视角转变。从本质上讲，健康的可持续设计必然兼顾了环境、经济、社会三个方面的协调与共进。因此，关于空间形境的可持续表现，也将从这三个方面逐一展开。

（一）环境可持续

环境作为自然系统的主要成员，是空间形境设计的物质基础。中国古人在居住环境空间上追求"天造与自然"的境界，即人造景象与自然景象和谐共处，常用的手法有安置盆景、使用天然材料、引入外景（如借景或框景）等。而后，随着新时代绿色设计的积极推广，绿色建材与全面绿化技术如雨后春笋般遍布全国。其中，绿色建材又称健康建材，即采用清洁生产技术，利用工业或城市固态废弃物，生产的一种无毒害、无污染、无放射性的有利于环境保护和人体健康的建筑材料，如无毒涂料、再生壁纸等。而全面绿化技术则是指将打破传统绿化方

式，采取立体交叉化方式种植，如屋顶绿化、墙面绿化、地基绿化等。这种绿色处理方式不仅拓宽了绿化面积，营造了自然氛围，还有利于空气净化、自然通风与局部调温调湿，进而打破室内外隔离状态，促进整体环境空间的自然性与和谐性。

在室内空间设计中，设计师经常会从软环境的营造入手，运用水体和植物作为有效调节温湿度的手段，借助窗户将室外的自然采光引入室内，然后将绿色植物高低错落地分布在地面、台阶、墙面和窗台上，使蜿蜒的水体在植物间任意流淌，并在低层地平面上以很自然的形态凝聚。室内界面多会采用充满着自然气息的木质材料，进而更能衬托出空间软元素的自然原生态意味，使整个空间环境实虚相生、动中显静、生机盎然，给人自然美的视觉享受。以"彩虹树"（Rainbow Tree）空间设计（图4-10）为例，该项目是一座位于菲律宾宿雾市的模块化大型木质公寓楼。其设计灵感主要来自菲律宾的天然彩虹桉树，并以此来命名，从而彰显菲律宾文化和自然遗产的魅力。在自然空间的形境创造中，设计者借助被动生物气候学原理和可再生能源概念，采用天然环保的木材进行整体空间的结构创新。此外，室内还种植了30000种花草树木，它们每年能够吸收城市大气中150t二氧化碳，进而减少空间内部碳排放，实现环境的高度

图4-10 | "彩虹树"空间效果图

透气与最小污染。基于生物垂直森林理念，空间中自然气息浓郁，具备能源自给自足、建筑绿化和都市农业发展、软流动性和社会创新等绿色可持续功能，是一座满足了LEED + BERDE双重环保认证的健康住宅空间。

（二）经济可持续

经济作为空间设计的有力保障，是可持续发展的重要组成部分。换言之，经济的不可持续，将直接导致可持续发展及可持续设计的失败。人居环境空间视角下的经济可持续，实际就是在某场所空间中要建立资源节约型和环境友好型的经济体系。如坚持开发与节约并重以及节约优先的设计理念，按照减量化、再利用、资源化的原则，大力推进节能、节水、节地和节材，加强资源综合利用，完善再生资源回收利用体系，全面推行清洁生产，形成低投入、低消耗、低排放和高效率的节约型增长方式；积极开发和推广资源节约、替代和循环利用技术，加快实体空间节能降耗的技术改造；对消耗高、污染重、技术落后的工艺和产品实施强制性淘汰制度，实行有利于资源节约的价格和财税政策；在冶金、建材、化工、电力等空间营建相关的重点行业或产业园区，开展循环经济试点，健全法律法规，探索发展循环经济的有效模式；强化全员节约意识，鼓励生产和使用节能节水产品，设计建造节能省地型建筑等，进而形成健康文明、节约资源的消费大环境。

经济是否可持续在很多时候取决于大众的消费观与价值观。如当我们面对垃圾处理问题时，其核心绝不只是对垃圾的处理，而是通过垃圾处理来进一步减少垃圾的产生。如果我们的社会是崇尚奢华、热衷攀比、消费无度的大环境，那么任何解决方案都可能是臆想或理想主义的空谈。因此，培养大众树立正确、健康、积极的思想观念是倡导经济可持续的关键。以三星数字村庄项目为例，该项目是由三星公司在非洲地区发起的一项公益援助计划，利用太阳能技术向附近的居民提供在线教育、远程医疗、照明、储电/发电以及移动医疗等服务。项目最大特色在于其采取了分布式能源生产模式，即利用在地化的小型生产单元，提供清洁、便利的能量来源。能够最大限度地利用当地的可再生资源，减少了不必要的基础设施建设成本，提升了本地居民生活品质，同时把对当地环境的影响降到最低。从经济维度出发，该模式不仅可以创造更多的就业机会、带动地方经济发展，还能大大降低运输成本、减少配送的时间和损耗，从根本上带动空间经济活力、提高市场竞争力。

（三）社会可持续

社会作为人与自然共同作用的场所，涵盖经济、科技、伦理、文化等诸多方面。一方面，可持续设计注重公平公正与共同参与，可以促进大众沟通交流，给予特殊人群基本的身心关怀。另一方面，可持续设计提倡共生与共享，无论是同一时代的人，还是不同时代的人，都能够让经济、科技、伦理、文化等社会财富得以持续发展。可持续的前提是尊重与博爱，以文化可持续为例，在1993年美国出版的《可持续建筑设计指导原则》中曾指出可持续设计应"重视对设计地方性、地域性理解，延续地方场所的文化脉络。"由此可知，文化的可持续设计不能简单地移植或模仿，需要我们对当地的传统文化给予充分的尊重与理解，善于借助服务态度、社区共享、系统设计等创新思维，然后通过符号化、象征化等设计方式，将地域材料、文化、经济、科技等社会特色进行温暖地传递，使空间在一定程度上是为社区而建、与社区同在，最终同社会一起可持续的发展。

2022年3月15日，一位名叫迪埃贝多·弗朗西斯·凯雷的德国建筑师因荣获普利兹克建筑奖而享誉全国，他不仅是建筑师，还是一位在被世界遗忘的地区为提高无数民众的生活质量和体验而服务的人。凯雷出身于非洲一个人口约3000人、名为甘多的小村落，该村落位于布基纳法索首都瓦加杜古的东南部，村民住在用锡或稻草做屋顶的泥屋里。2001年，凯雷主持设计的甘多小学的一期工程建造完成。在整个实施过程中，凯雷不断向村民宣传使用当地建材以及鼓励村民自主建造的重要性，他认为"只有使用自己能够修补的材料和工艺，甘多小学才能真正成为可持续发展的学校。"该小学利用被动式技术，将当地黏土加水泥强固制成的泥砖作为空间界面，使凉爽空气可以持续保留在室内，并且室内的剩余热量也能通过天花板和悬空高架屋顶排到室外，进而营造出一个循环通风不闷热的物理环境。2005年之后，凯雷又先后在甘多村建造了四个教室、教师宿舍、学校食堂、图书馆和足球场等公共空间，使甘多小学的空间

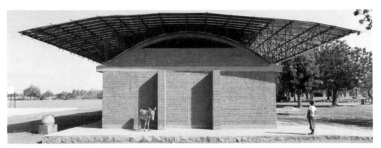

功能得以进一步完善（图4-11）。值得强调的是，在建造图书馆时，凯雷将一个个陶罐切成两半后插入天花板，阳光透进后竟能产生浪漫的光影效果。而后，他又把木百叶和陶罐做成更大的开口，再配上额外的遮阳和防雨措施，不但使教室更加敞亮，还具备防暴晒和暴雨的功能。[1]除此之外，凯雷还设

图4-11 ┃ 布基纳法索的甘多小学建筑空间实景图

[1] 彭永清：《坚守"可持续发展"理想——获2022年普利兹克奖的首位非洲建筑师凯雷》，载《世界文化》，2022（6），第26-30页。

计了大量提倡社区及社区间"团结友爱"的可持续建筑空间，既有利于帮助贫困地区完善基础设施，丰富公共空间，又有助于振兴地域资产，促进经济发展，从而全方位地提升了全社区乃至社会的可持续性。

四、可持续设计在空间形境中的现实意义

第一，立足当下，共建和谐家园。设计是以人为本的设计，其根本目的在于解决问题，使人们过上更加美好、健康、安全的生活。面对当下环境污染、能源短缺、利益至上、奢靡之风盛行等现实问题，可持续设计应运而生，其方法、原则、途径等不仅可以缓解环境污染，促进人类身心健康，还可以同时满足自然、经济、社会三方面的利益，对建设国家和世界系统的和谐与共赢具有辅助意义。

第二，理论结合实践，深化系统观念。可持续设计作为符合时代需求、满足空间设计规律、利于可持续发展与多元融合的学术结晶，具备综合性与复杂性、实践性与理论性。通过一系列可持续空间设计研究与探讨，既可以为我国未来人居环境空间发展提供更多的可能性，还可以丰富可持续人居环境空间设计实践经验，强化可持续人居环境空间设计理论思想，为创建中国式的可持续人居环境空间系统设计打好坚实基础。

第三，守正创新，弘扬中华优秀文化。中华优秀文化是中华民族的"根"和"魂"，文艺工作（包括人居环境空间设计）作为"培根铸魂"的工作，它的可持续发展方向的文化传承意义不容小觑。具备可持续性的空间设计既是能源、生态、健康的可持续，又是政治、经济、文化的可持续，需要我们在坚守传统优秀文化的同时，勇于结合新时代、新思路、新技术等进行可持续性创新，这不仅有助于提升中华文化的认同感与归属感，增强民族凝聚力与自信心，还有助于以美为媒，创建中国式特色体系，增进国际交流。

5

第五章

专题案例：形·空间的多样表达

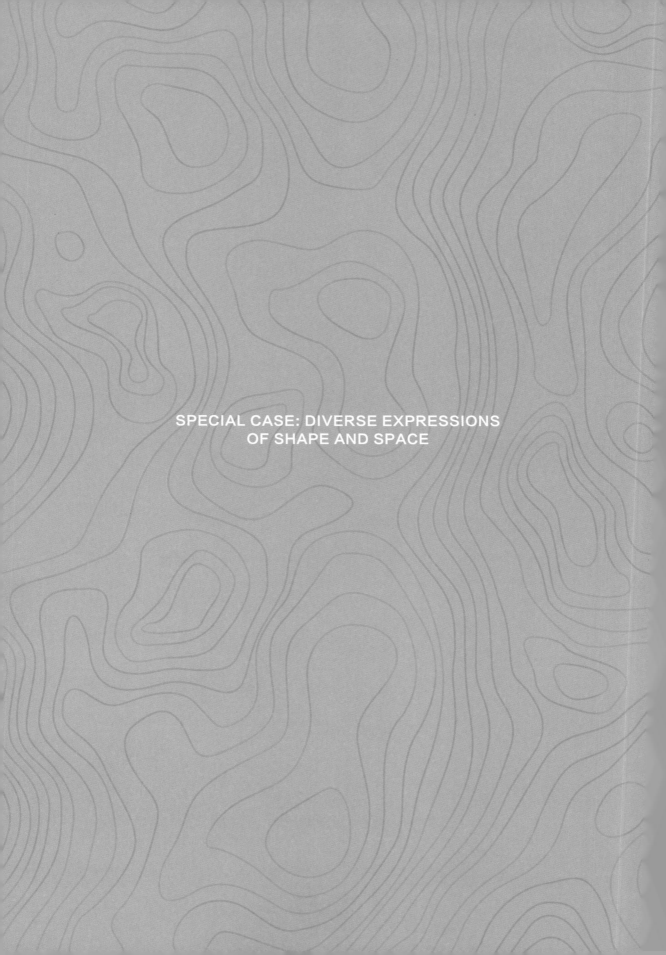

SPECIAL CASE: DIVERSE EXPRESSIONS
OF SHAPE AND SPACE

　　设计是解决具体问题的良药，实践是验证空间理论的途径。本章内容将聚焦场所、主题、文化等限定要素，即以重庆山地聚落为场所，以新时代乡村振兴总要求为指导，以人居环境空间为主题，归纳总结重庆山地聚落人居环境空间形势演变与发展规律，剖析重庆山地聚落人居环境转型发展与乡村振兴之间的耦合关联，试图提出关于当下重庆山地聚落现状的改进思路、设计方法、优化策略等。在设计实践的具体过程中，我们从产业振兴、文化振兴、生态振兴、组织振兴、人才振兴等方面入手，对重庆山地聚落进行了特色化、专业化、生态化、科学化、系统化的改良与更新，结合多方面优化策略，能够更加具体地助力自然生态环境系统的修复、社会文化环境系统的健全、地域空间环境系统的优化、多元主体适应系统的调控等。

　　为此，融合实际项目相关内容，本章选取了形态叙事、活化利用、自然教育三个不同优化方向的研究论文，这些论文较为系统与成熟，可以更加全面地介绍乡村振兴视域下重庆山地聚落人居环境的"形"空间内容，验证重庆山地聚落人居环境的转型发展路径的可行性与落地性，最终推动有情怀有温度的乡村空间设计以及宜居宜业和美的乡村环境建设。

案例一　中国古代园林绘画手法介入山地聚落空间形态营造的叙事性策略研究[1]

　　古典园林对空间营造的审美与自然式追求，离不开造园者对田园景观与自然栖息的向往与追求。中国古典园林的特点是源于自然但高于自然，诗画的情趣，意境的蕴涵，建筑美和自然美的融糅。古典园林建造者们追求"师法自然"的自然居住环境，在长期的造园活动浸润中，总结出"因地制宜""就地取材""虽由人作，宛自天开"的自然营造法则。至此，无论是古典的私家园林还是城市的园林营造，处处都能看到造园者对乡村自然之法的借鉴与运用。

　　古典园林与传统山地聚落空间形态有着天然的契合关系，不只是造园者无意间的"移花接木"，还有潜意识的"匠心独运"。魏晋以来，中国古典园林经历了从"山居"到"园居"、由"可观可望"到"可居可游"的变化，园林营建中的工匠多出身乡村，对乡村空间有着耳濡目染的体悟，在长期的园林营造过程中，造园者无意识地将来自乡村的灵感带入其中，自然形成了一部分行、望、居、游功能的空间节点，虽未能合乎标准的形制体系，却也偶成园林中的点睛之笔。无论是何种匠心的设计，园林与乡村景观都能相互映射出对方的影子。

---

[1] 此案例为研究生论文，指导教师：杨吟兵，研究生：秦颖。

一、中国古代园林绘画手法的叙事性

英国当代历史学家彼得·伯克（Peter Burke）在《图像证史》中说"'图像'可以作为证据应用于历史学家研究某些缺少书面文字记载或根本不存在的历史时期"。❶黑格尔曾经在他的《美学》中形容中国的园林艺术是一种绘画。园林绘画即山水画，山水画与古典园林长期相互浸润，形成了"以画入园，因画成景"的传统，而绘画成了造园的灵感来源，画中山水就相当于园林的蓝本，园林也是中国古代山水画的具体实现形态。这些观点表明图像将文字史料中的许多隐藏含义用更鲜活的方式表达出来，而图像也同样是一种文本的记录方式，更值得在文字基础之上加以深入研究，成为一些关键的材料补充点，讲述一些字里行间未能表达的深意。

将园林作为题材或是刻画主体的中国古代园林绘画与传统山水画一脉相承，所展现出来的不仅是当时最真实的山水园林图册，与此同时也是文人画家对内心精神世界的原真表达，虽然一部分是对于现实园林的描绘，却没有全盘生搬硬套于纸上，而是参照眼前实景来勾勒心中"诗意的栖居地"，栖息山水，寄情山水。从"内"，我们可以看到古人山水观的呈现，将其美学思想和精神追求用艺术的形式孵化出来；以"外"，也能从整体的画幅中看到中国传统园林绘画的技法与匠心，其中蕴藏着除平面绘画艺术外，对三维立体景观营造的借鉴意义。中国古典园林从始至终都伴随着诗情画意般的人文色彩，许多文人和画家将自己对园林独有的理解融入造园活动之中。其中，叙事者是造园家，他通过以不同方式组织园林中各种元素，将特定的视觉线索纳入可以从空间角度把握的结构之中，从而引导人来理解其中的意蕴。此时的园林空间便成为空间叙事的文本，作者期望通过物质空间表达出高于物质的精神内涵，也就是意境。由此可见，园林绘画中审美意境的生成与空间的叙事性有着极高的关联，中国古代园林绘画的"内"与"外"都融汇了前人千百年来审美与技艺的智慧结晶，对山地聚落空间形态的叙事性研究有深刻的意义。

二、"外意欲尽其象"——园林绘画技巧法则的叙事性表达

"外"意欲尽其象，得历代经典之形式。此"外意"即眼中之景物，笔下之意象，而"欲尽"为极力刻画之意，通过对自然景物的描摹，生活环境的"山水"营造，刻画其笔触细致、生动、真切的"心中之意"，将心中所求通过周围之景不断对身心进行浸染并与外在的自然相贴合，了解物象瞬息万变的自然形态，从而达到"物我合一"的心境。即使是多元融合发展下的现代社会，中国人对文化艺术独到的自我认知体系依旧广泛影响后世，传统园林绘画中技巧

---

❶ 吴余青，朱奕苇：《中国古代山水画中的传统园林叙事性》，载《湖南包装》，2021（4），第11-14页。

法则的叙事性表达经过几千年锤炼，在一次次历史图册中的闪烁告诉世人其广袤无垠的文化包容之态，无论多久都值得借鉴。

（一）"三远法"——线状叙事空间

北宋画家郭熙在他的《林泉高致》中对三远法有具体的论述，三远法指"高远法""深远法"和"平远法"。古代绘画中为了追求空间感而加入的景深，在园林之中以一种巡游式的位置经营法表现深度。三远法打破了所谓定式空间的局限，在游园的过程中随着路径的改变，导致游人视野与体验的不断变化，共同创造出连续并置的线性空间叙事，赋予画面生机和强烈的感染力，从而实现"可行、可观、可居、可游"的意境。在《早春图》（图5-1）中，郭熙为观者在纸张上创造了一片生机盎然的春山寒林图，仿佛可以看到怡然自得的幽静环境和愉悦的动态故事美感，而这种氛围的营造正是源于《早春图》中的全景式构图，这便是画家郭熙所提倡的"三远"之表现手法并置的佳作。清代画家吴阐思想念家乡而作的《山林古寺》（图5-2）中，近处的水岸草亭，中间的层林茅屋以及深山古寺，画面层层展开，水天一色，成功用三远法让现代人体会到这种跃然纸上的生命。

图5-1 ｜ 北宋　郭熙《早春图》

图5-2 ｜ 清　吴阐思《山林古寺》

（二）"隔断"法——渗透式叙事空间

隔断以其特有的魅力为古典园林空间的营造添加多样趣味性与可看性，与此同时，不同的叙事空间也显露于隔断之中，让有限的空间变得丰富多样，体现出围合空间、融通空间、可变空间等渗透进景观之中，不同空间的叙事也不尽相同，但最终又需变得连贯完整。隔断的形式从不受限，在分隔空间的同时，自身也能巧妙转化为林中景观。它的特点是功能简单清晰、形式多种多样，或小巧可爱，又或是体量形制较大，对丰富园景增加视觉效果和引导游览起着重要的作用。

在清代《圆明园四十景图》中最常见的田园景观表现手法就是障景隔景的出现，竹篱则是被用来作为空间分隔的主要景观要素，其出现的形式也是多种多样。比如清代画家唐岱《鱼跃鸢飞图》（图5-3）中与虎皮隔墙和山体相结合，变成小空间的出入口，空间因此生动起来，并与远处画面的竹篱相呼应。❶明代仇英画作《竹院品古图》（图5-4）中的屏风，画面间有三位观赏古玩器物的士人，而两扇绘有山水和花鸟的屏风将其全部包裹，这里的屏风以半开放的形式，为志同道合的集会创造理想环境，在一席隐藏之地中悄然发故事。

图5-3 ｜ 清　唐岱《鱼跃鸢飞图》 　　　　　　　　　　　　图5-4 ｜ 明　仇英《竹院品古图》

（三）"点景"的营造——放射式叙事空间

绘画与造园的营造手法相似颇多，其中"点景"手法无论是在山水园林画还是在造园中均被大量使用。点景定义最初是从中国画的绘画技法"点苔"转化而来，而绘画中点景是指在一幅山水画作品里用建筑或人物等点景点化、装饰，烘托主题，使画面意境升华的一种构景方式。❷点景的描绘方式众多，山川河流、亭台楼阁、人物小品等都是点景中最为重要的，点景技法展现出较高的美学叙事感，是在于游径过后短暂的停留回顾，以此为点向四周进行放射状的视线回顾，最终形成向四面八方分散开来的叙事空间。

而亭子作为人造的事物，通常作为园林的指代出现在画面中，在倪瓒的画作中多有体现，

❶ 王琳，宋凤，陈业东：《〈圆明园四十景图〉中的田园景观营造探究》，载《城市建筑》，2020（5），第155-157页。
❷ 赵阳：《如画观——宋代山水画与园林中"以亭点景"的手法研究》，载《建筑与文化》，2021（9），第176-177页。

如《秋亭嘉树图》《江岸望山图》《紫芝山房图》等作品中亭子所占画面面积极为微小，但其却起到点题、点景的作用。一众园林绘画中多以"亭"为媒介，来实现景观中的"可游可居"的功能，同样还有村舍、楼观、亭榭、桥梁栈道等点景建筑，作为可游可居之处的实物载体，被安置在不同的景别和景深之中形成叙事的引导，因势利导地作为景观中核心转折的存在，它们相互之间通过或显或隐的路径沟通连接，在山林与绿地的跌宕起伏中遥相呼应。

（四）虚实相生——朦胧叙事空间

中国古代园林绘画意境表达需要画面中有虚实相生的灵活多变和道家提倡的阴阳二气相融合，环环相扣。这里"虚"指的是画面的留白、"实"是指客观实在的，整体把握虚实与阴阳的层层递进，创造出朦胧的叙事空间，给人以无限的空间遐想。被称为"马一角"和"夏半边"的南宋画家马远和夏圭的边角式构图，也是善于巧妙地利用画面上的空白，渲染出画境的悠远浩瀚；而"扬州八怪"之一金农所绘的《人物山水图册》，此图册用笔朴拙灵动，山石用意笔写之，轻描淡染，所绘的场景之中除了主体物如岸柳、杂树、芭蕉、人物等，其余都以大面积的留白为主，没有将整个画幅都添加得满满当当，而是运用简笔的勾勒绘出眼前或心中之景，画纸上寥寥的几处景物却引人无限的空间想象。

三、"内意欲尽其理"——园林绘画美学意境的叙事性表达

进一步了解古代绘画与园林，"内"意欲尽其理，得书画笔墨之神韵，其理为古人的山水叙事观，现代化进程的不断加快，人与自然的动态平衡被打破，在物境之中的心意缺失唤醒人们对于挽留自然的"内省"，是对于自然美学的追寻，同时也是"意境"营造的深意。著名美学家宗白华在《美学散步》中指出意境首先需要"艺术家用心灵映射万象"然后"主观生命情调同客观自然景象渗透融合"，可见"意"为执笔者的主观情感，"境"是对于亲身领略外界一切所见之景，最后美学意境的呈现。意境无论作为绘画还是景观中的表达都体现出创作者的核心理念，并且和现实画面达成一个和谐统一的整体，同时引起观赏者对于美好之境的情感共鸣。

（一）"澄怀味象"的主观意趣

南朝宋代画家宗炳提出了"澄怀味象"的美学思想，在其书的首篇《画山水序》中写道："圣人含道应物，贤者澄怀味象"，所谓的"味象"即"观道"。中国古代绘画和中国古典园林在历史上被称为双璧瑰宝，在中国古典园林史上，造园者中以拥有高度艺术修养的诗人和画家居多，他们在绘画中遨游，在风景中思考，如唐代王维所建辋川别业、卢鸿一所建嵩山别业、魏晋南北朝的戴逵所建戴颙宅园等。中国古代文人浓厚的山水情结，倾注于山水之美的心境，引导着圣贤们长久以来用诗书绘画和造园的形式来表达内心的叙事情怀。画家一览山水园林之

景后，自是有万千感慨涌上心间，或是受人之邀，到私家园林中细细品味，将人造自然景观中的怡情和寄托转化为主体的直观感受，最后以纸上的笔墨造境进行传达。

（二）"中隐之风"的生存哲学

倪瓒的园林山水画《水竹居图》（图5-5），画面皆以石竹、山水为主，再有竹林下若隐若现的屋舍，四下则空无一人，如此叙事归隐之情溢于言表。金农所画的小品《人物山水》（图5-6）中，紧闭不开的大门，园中独自傲立的梅花和闲庭信步的园主人，无一不体现出文人志士想通过高耸的围墙来暂时隔绝市井喧嚣。魏晋时期，隐逸之风便在文人之间流行，这为中隐思想的出现埋下伏笔，士子们没办法放下理想和地位，却又想体会归隐生活的闲适安逸，于是"中隐"思想诞生了。在白居易所作的《中隐》中，他首次给出"中隐"的定义，"中隐"既不像"大隐"一样处"庙堂之高"，有各种忧虑与远思；又不像"小隐"一样，处"江湖之远"，过于孤单寂寞，而是更有折中主义思想的生存之道，而体现出他"中隐"思想最直接的产物，便是在洛阳的私宅——履道坊宅园。中隐，既没有拼搏的疲惫，也减淡山林的寂寥，享受以遁入尘嚣的式选取在乡村的阡陌之。

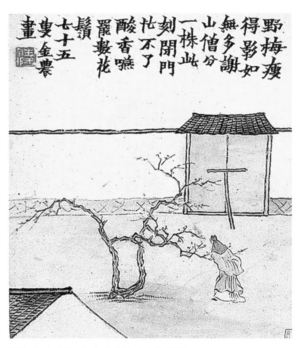

图5-5 ｜ 元末明初　倪瓒《水竹居图》局部　　　　图5-6 ｜ 清　金农《人物山水》图册

（三）"天人合一"的山居诗意

古代园林题材绘画中所描绘的是人与自然和谐共生的生存方式，在绘画的描述中，人造物，即建筑，并不多占过多的空间。而是用山林、花鸟和湖泊占据整体空间，这体现了自然之物在古人心中的比重。《林泉高致》中"可行、可望、可游、可居"的画境营造要求则是基于作者将心中对自然和观者的情感呈现至笔下之景，才能引起观者对画境的情感共鸣，这便是天人合一思想的体现。王维的《辋川图》、范宽的《临流独坐图》到明清时代的造园高峰期的文徵明《拙政园三十一景图》，文人们都在寻求一种在喧闹中的静谧。在喧闹的市井中，在一块不大的基地内，园林，既有居住功能，又将自然意趣如"芥子"般纳入院中，将园主人的高雅意趣寄情于这一方天地之内，在不断的出世与入世中，寻得安宁修身之所，使精神与自然和谐共鸣，达到"天人合一"的境界。

四、传统山地聚落空间形态的叙事逻辑

（一）传统山地聚落空间形态叙事的空间要素

空间本身是实体形态，叙事空间角度下的空间是事物和时间的载体。传统山地聚落中被留在空间里的街巷、民居、公共建筑、广场甚至聚落的边界形态等，在漫长的时空中一直作为人们的记忆空间而存在，每一个事物空间中都时时刻刻发生着人们的交往活动与情感记忆，传统聚落空间也因此被赋予了更多的精神含义，同时承载着重要的"叙事"意义。过往的文章中已经有将传统聚落空间形态的叙事结构以"起承转合"的方式进行论述与讨论，接下来将继续以同样的方式进行传统山地聚落空间形态叙事结构的研究。

"起"意为聚落边界，同时作为叙事的开端。从聚落边界进入村落开始，便开启了整个故事的序幕。乡村聚落景观的演进受自然条件影响较大，平原地区一般以规整平直为主，而山地、滨水等地带则依托自然地形，依山傍水、曲折起伏，聚落景观空间布局灵活自由。[1]根据以往山地聚落山水格局的环境空间，将其分为封闭型、半封闭型、开放型三类。聚落成型之初依据原本的山水格局进行自然缓慢的向外辐射扩张，而后随着生产工具的不断迭代与现代科技的迅猛发展，聚落的边界开始出现人工痕迹，使得聚落的边界增加更多人为的活动记号，作为一种特殊的空间叙事方式得以保存。

"承"意为街巷空间，作为传统山地聚落中的重要空间形态，街巷起着承接、连贯与延续的作用。街巷构图由主街、次街、小巷三个层次组成。大多数村落都有一条笔直的大街贯穿全村，将聚落空间中的人、事、物串联起来，组成一个完整的故事线，它生动地记载了当地民众在聚落空间生活发展过程中的生命轨迹和心理历程。"千里修书为一墙，让他三尺亦何妨。万里长城今犹在，不见当年秦始皇。"如此耳熟能详的"礼让巷"的故事便诞生于这街巷之间，

---

[1] 范勇，李杰，王林申，马明春:《基于场所叙事耦合的乡村聚落景观空间重构研究——以邯郸市磁县徐家沟村为例》，载《山东农业工程学院报》，2008（3），第1—7页。

纵横交错的街与巷承载起了不同的空间叙事，是场所中最具有故事性与感染力的地方，充满了人间的烟火气息和生活意趣。

"转"意为空间节点，由此开始转入它式，其基础是跟"承"有情绪逻辑上或事实逻辑方面的关系。它是两个及以上空间的结合点，空间在此处发生转折与变化，进入下一个叙事的情节空间。空间节点可以是建筑空间，也可以是公共空间，传统山地聚落的建筑空间形态主要以"三合院"为主，也有"L"型或是"一"字型。公共空间主要承担村落大型集会活动，如民俗节日、祭祀庆典等，承担部分集市、戏台以及晒场等功能。前者空间的叙事更为单一且纯粹，后者的空间被赋予了更大的人文意义，是人们发生共鸣与交集的转折点，情感在叙事场景中得以升华。

"合"意为宗祠，传统聚落一般具有向心性，处于村落中心的建筑往往是居民讨论宗族大事、祭宗、祭祖之处。祠堂往往是村落的中心，在宗族社会中，祠堂决定着聚落形态的发展，也是经济技术水平的体现。宗祠汇集着族中群体的向心力与凝聚力，不仅是空间叙事的收拢聚合之地，更是聚落空间精神的叙事中心。

（二）传统山地聚落空间形态叙事的事件要素

传统山地聚落空间形态情感叙事中的事件要素同样是构成叙事逻辑的重要组成部分。故乡独有的"乡音"、游子等归的"乡愁"、承载文化的"乡俗"等，它们虽然是非物态的形式，却都是聚落叙事空间的构成体系，主要以精神文化和行为活动的形式存在。

"乡音"承载的叙事空间不但是指各地不同的方言，也有天然的蝉鸣鸟叫或山歌戏曲等听到便能唤起乡村画面之音，聚落之中需要有人的活动，需要留有大面积的植被森林给鸟兽鱼虫，还需要空旷的遮蔽及开敞空间供给村民进行文化交流。"乡俗"指以传统节日及民间习俗共同构成的乡村民俗型景观载体，传统节日作为华夏文明的重要载体，留存着民族独特的文化记忆，影响着人们的生活方式、价值体系和审美观念，留住乡俗同样也是留住了华夏人民根植的记忆，因为它的民族性和传承性，所以与人们日常生活密不可分，体现出最完整的叙事情节。"乡愁"是人类情感的回归之所，心中所见所感所听皆可为其，而使这些元素得以显现的载体是人，因为人的存在让一切东西有了传承和意义。要留住乡村原始的民众，他们带着这里独有的口音，举行一场场民俗文化盛宴，而这里所发生的一切也同时牵扯了远方游子的心，它们像一根无形的纽带相互联系、彼此心系，这种情感上的依恋就叫作乡愁。它是作者笔下的情感叙事基调，是对故乡人、事、物的情感回顾。

（三）传统山地聚落空间形态叙事的时间要素

聚落是人类在时间活动中的产物，传统山地聚落在经历漫长的时光冲刷中逐渐沉淀出多样的形态模式，在聚落的形成过程中发生的各类行为事件、思想活动、民俗节日、人际交往等随着时间的消磨而转化，演变成为独有的记忆或者约定俗成的传统，同时促成聚落之间差异化的形成。

因为时间而彰显出聚落文脉的醇厚性，将时间作为分析与研究的纵向轴线，可以发现聚落中发生的不同事件与人物在时间的轴点上一一罗列展开，聚落内的叙事与情节汇集成一个完整的叙事体系，分布在相应的时间节点。人们以体验者身份从聚落的边界进入，穿过街巷空间，再由逗留的节点空间转入建筑空间，这其中的"起承转合"与经历的任何所见与行为都已经作为时间的叙事而发生。

五、园林绘画手法介入传统山地聚落空间形态营造的叙事性策略研究

（一）景观空间的叙事性改造

中国古代造园艺术最本质的特征，就是对青山绿水加以规整或修缮，模仿山水，以美的原则来营造一个充满诗意的栖居地，从而达到计成书中"虽由人作，宛自天开"的理想之境。当代的景观过于追求西方现代开放的形式格局，缺乏本土化的诗情叙事。虽说中国古代哲学具有逃避现实，追求无为，与现代中国哲学有着相较不同的观点，但古代文人所追求的意境仍然可以让现代人从美学、文学的角度来欣赏理解。在"天人合一"的思想之上，加入"三远"的空间叙事技巧，营造出乡村景观中多层次的叙事情境。

景观中的高远不是字面上的登高望远，而是从山脚下来仰望山顶，一时之间山林与建筑如倾倒之势向你压来，气势磅礴，主要以垂直的叙事方式体现，在乡村景观营造中，多以山石、流水、小品、植物、亭等景观元素来重点刻画。平远的营造多以水为媒，水的万千姿态皆可变幻，能够自由营造空间的断与合，同时让所到之处变得舒缓平坦。在乡村景观设计中，对于深远的层次应用，多是增添游玩与观赏的乐趣，常会采用曲折的汀步，在迂回蜿蜒的田间道路中，添加山石或者植物来隐藏远方的路线。例如，南川区鸣玉镇向家沟的五彩油菜花田，平缓而悠远的花田展开横向的叙事空间，远处半山腰与山顶的观景平台依次拉开竖向的层次，路径的绵延，山川的盘曲，多个不同的叙事间相互叠加，增加了多角度的体验观感（图5-7）。

（二）住宅空间的叙事性改造

由于受到西方现代主义极大的冲击，在为中国带来了先进的建造技术和建筑形式的同时，由于其文化理念的差异性，在追求简洁化、统一化的快速发展下，给景观与建筑带来的是"千城一面"的严重后果。设计师开始失去对审美的主观感受与追求，不断进行复制粘贴式的设计产出，现代景观出现了审美疲劳的现象。园林绘画中"澄怀味象"的美学思想提醒人们，需要拥有主观审美的心胸去进行设计创作，才能做出引发人情感共鸣的设计。

无论是城市之中兴起的口袋公园，在年轻群体里爆火的露营基地，还是各地乡村旅游业的

图5-7 | 重庆市南川区鸣玉镇向家沟"心心相印，五彩花田"

繁荣发展，这一系列的景观与产业需求，都无不反映出当下快节奏生活的压力，迫使人们开始一种对暂时避世的追求，短暂地逃离喧嚣、亲近自然，折射出来对于中隐思想的现代表达。而乡村住宅空间的设计更应该淳朴天然，追求自然主导，内部的檐下空间、装饰陈设，简单即为美，少些雕梁画栋的烦琐。假设如此的叙事情景："堂中设木塌四，素屏二，漆琴一张，儒道佛书各两三卷"，寥寥几笔便能想象出简朴的草堂环境下闲适淡然的香山居士，暂且放下繁华的负担与自然为伴。

（三）街巷空间的叙事性改造

乡村的街巷空间是对整个聚落空间起到承上启下作用的空间叙事耦合点，街与巷串联出完整的乡村叙事空间线索。在或直或曲的蜿蜒小路上，朦朦胧胧的林下空间中，乡音与虚实空间的结合。"野外罕人事，穷巷寡轮鞅"，乡村山野乡间的幽僻是常有之时，街道巷尾连车轮的声音都寥寥，过分的清净倒也有些寂寥，若是突然间能有亲切的乡音响起却是让场面变得鲜活。"父老杂乱言"，农闲时村子里的父老乡亲围于树下席地而坐，用独特的乡音相互闲谈逗趣，因为原住民的存在，留住了乡村活力的同时串联起聚落中的各个叙事空间。重庆市南川区南平镇永安村的设计项目（图5-8、图5-9）中，街巷空间的改造十分注重对人驻足停留意愿的把控，因大部分村民有坐在家门前的石板或是门前树下闲聊的习惯，街巷空间的改造保留了原有的基石，同时，加入部分的连廊增加街道中的灰空间，便于村民与游客的休憩闲谈。

（四）庭院空间的叙事性改造

乡村中家家户户的庭院已然是必不可少的，庭院空间作为住宅空间的对外延伸，是记录行为活动的一个重要场地，庭院中叙述着村民每日丰富多彩的生活情节。偌大的庭院需要划分出

图5-8　｜　重庆市南川区南平镇永安村"里隐乡居"中"永安龙门阵"设计

图5-9　｜　重庆市南川区南平镇永安村"里隐乡居"街巷空间设计

不同的叙事空间，而隔断使得完整的叙事空间被加以细化分割，有藏有露，变化无穷。乡村庭院中隔断方式不局限于字面含义，可以用任何的材料与形式，景中长廊、隔墙、花草树木、生活物件等，无不引导着人们的行动轨迹和视线方向，使空间变得丰富有趣且变幻无穷，运用当地特有的材料结合其历史文化植入所形成的文化景墙在乡村景观中使用颇多，在宣传本土文化的同时也添加了观赏游玩的可读性与互动性。

重庆市南川区福寿镇高桥村的庭院改造（图5-10～图5-12）中利用景墙、围篱、植物等，在围墙中嵌入石槽、陶瓮、陶罐、磨盘等乡土物件，使庭院分隔出不同空间，感知到"可行、可望、可居、可游"的空间叙事体验，根据庭院的实际大小以及家庭中的使用率来进行"隔断"，进行晾晒、闲谈、儿童玩耍、乘凉等生活化的活动，按照村民在庭院中的日常展开庭院间叙事。

图5-10 ｜ 重庆市南川区福寿镇高桥村改造   图5-11 ｜ 重庆市南川区福寿镇高桥村庭院改造

图5-12 ｜ 重庆市南川区福寿镇高桥村庭院景墙改造

六、总结

中国古代绘画题材种类丰富，而园林绘画只是山水画的另一延伸发展，传统绘画中蕴含了无数高妙的景致布局与美学思想，文章就山地聚落空间形态叙事性营造与园林绘画相关联耦合加以浅析解读。园林绘画中技巧法则与美学意境所表达的叙事空间远不止于此，笔墨内有内容，笔墨外亦要有内容，园林绘画的"内""外"解意之法对于山地聚落空间形态叙事性营造而言，已经构成了窥探其貌的有效途径。最后通过对空间叙事学的相关研究、中国古代园林绘画手法以及传统山地聚落空间形态衍变进行交叉研究，从而摸索出行之有效的乡村空间的形态改造模式。

案例二　乡村振兴视域下渝东南碉楼民居活化利用研究——以重庆福寿镇碉楼民居为例❶

随着乡村振兴战略的全面推进，乡土建筑遗产的保护与利用受到广泛的关注。巴渝碉楼作为极具地方特色与时代特色的乡土建筑遗产，是研究山地环境居住形制演变和山地民居空间形态特征的重要财富，是西南地区社会发展与进步的有力见证。改革开放以来，城镇化的快速发展与碉楼防御功能的式微，巴渝大批碉楼被闲置荒废。在当下，如何保护好和利用好仅存的碉楼遗产，让其在顺应时代发展的同时焕发新的生机是巴渝碉楼遗产保护与利用亟待解决的重要问题。

本研究基于渝东南地区碉楼民居的建筑、空间特征，以保护原始碉楼建筑风貌为基本原则，树立可持续发展目标，建立活化利用机制，将理论研究应用与重庆南川福寿镇碉楼民居作为活化利用设计实践，使其既保留传统碉楼建筑的文化基因，也可以散发新的生机与活力，让承载着浓厚文化价值的碉楼民居活化为乡村振兴赋能。

一、渝东南碉楼民居基础研究

（一）相关概念

1.巴渝碉楼

碉楼的定义是以防御性为主的多层塔楼式乡土建筑，在中国的分布具有很强的地域特性，通常外部严密封闭，内部具备瞭望、射击、藏匿等多重防守功能。清末民初的社会动乱和历史上的几次移民运动催生了碉楼的兴建，巴渝碉楼受到本土文化、移民文化和西方文化的共同影响，呈现出分布集中、类型多样的局面。经过长期历史和人文智慧的积淀，巴渝碉楼与闽粤土楼、五邑地区的开平碉楼、川西北羌藏碉楼合称"中国四大碉楼"（图5-13）。

巴渝碉楼　　　　　　闽粤土楼　　　　　　开平碉楼　　　　　　羌藏碉楼

图5-13　｜　中国四大碉楼

---

❶ 此案例为研究生论文，指导教师：杨吟兵，研究生：陈琦瑛。

2.碉楼民居

碉楼和民居本属不同概念，在当下和平年代，碉楼建筑从附属防御设施逐渐成为住防一体的民居。❶巴渝地区的碉楼主要是居住防一体化考虑的，周围有配套居住使用的院落以及辅助用房，来满足居住的需求，碉楼虽为民居的附属部分，但已经发展到和民居形成统一协调的风格，占据的位置也时常多变，通常位于合院转角，合院范围大小影响着碉楼数量的不同，通常一宅一碉式居多。❷

3.活化利用

我国最早提出活化利用概念的是台湾学者，港、澳、台学者认为建筑遗产并不是没有生命的"物"，而是将珍贵的遗产视作有活力的生命体。"活化"是赋予传统的老旧建筑空间新的生命力，"利用"则是发掘消极空间的内在积极逻辑，多元价值以及未来发展潜力。活化利用是对历史建筑进行再次利用，通过合理的修缮保护，活化再生，使原建筑物符合现当代社会条件，从而产生经济效益、文化效益、生态效益、社会效益，同时建立起文化遗产与现代人之间的联系。

（二）渝东南碉楼民居历史沿革

巴渝碉楼由官府向私人筑造的变化、房屋形式的变迁、房屋外观由传统望楼到中西合璧的洋楼，房屋装饰物由简单朴素衍变成精美细腻的纹饰增华，可看出巴渝碉楼在历史流程中不断汲取各时期的文明要素，在千变万化中以防御为基础，逐渐丰富和发展各种细节，适应人们的生产生活之需。

1.战乱促使防御碉楼的产生

清嘉庆至同治年间，白莲教起义军和太平天国石达开部在涪陵、南川、巴县等地多次征战，战争的频发使得民不聊生，接近动乱地区的民众广建堡寨、碉楼。清代中期到民国初年，武隆、南川、涪陵、巴县等三峡区县由于土地兼并及贫富分化日益严重，渝东南数个区县乡镇都曾被土匪长期占据，官匪沆瀣一气，打家劫舍。1950年，政府大力清剿土匪，民众都纷纷加强防御，以期保卫自家人身和财产安全。

军事气息浓厚的防御建筑随着历代战争的推动，从官方军事设施不断演变，直至逐渐融入居民日常生活，伴随着政治动荡和军事需求的激增，以"防御"为主要目的的修筑碉楼也成为常态。

2.移民促使碉楼形制的丰富

自先秦起，巴渝文化与周边蜀、楚、秦及中原文化就有所交流与渗透，可谓"一方之会，

---

❶ 舒莺，刘志伟：《巴渝地区碉楼建筑历史演变与保护利用》，载《重庆社会科学》，2018（10），第10页。
❷ 冯磊：《建构视野下的传统乡土建筑研究——以重庆地区碉楼建筑为例》，载《绿色环保建材》，2020（1），第2页。

风俗纷杂"。明清以来，随着交通的便利，商品贸易的刺激下流动性的需求激增；清末民初，西风东渐，开埠之后外来商旅的涌入也把西洋建筑风格逐渐传入巴渝，西式风格在碉楼建造上也体现出中西相融的时代特色。

无论是关中移民"实万家""江西填湖广"以及之后的"湖广填四川"，来此"插占为业"的移民将各地的生活方式和文化习俗也在此生根发芽。在碉楼建造中为适应本地的自然环境与生活居住习惯，开始缩小碉楼民居规模，增加安全防卫附属设施，装饰上也更加突出地域特色和民族特色。

3.和平促使碉楼民居化发展

20世纪50年代清剿匪乱之后迎来和平时期，改革开放以来，人民生活水平的提升，碉楼的防御功能式微直至不复存在，逐渐作为民居生活生产空间存在。独立的碉楼上层由于梯步、墙体、顶层木架年久失修等诸多因素而闲置，底层通常作为存储空间；与民居衔接的碉楼通过改变室内格局作为生活起居空间等，碉楼在功能上由防御向民居生活化转变。

（三）渝东南碉楼民居分布与类型

1.防御主导的分散布局

分布集中：重庆东部受白莲教农民起义影响广建碉楼，长江以南的重庆山区则是在封建社会瓦解时期社会动荡、匪乱纵横而兴建碉楼，因此，巴渝碉楼在整体空间分布上"渝东盛于渝西，渝南盛于渝北"。重庆巴南、涪陵、南川、江津、武隆等区县现今任保留着200余处碉楼民居，整体分布较为集中且涵盖了川渝地区各种类型。

分散布局：巴渝传统的民居布局不依赖血缘关系来组织村落布局，又因巴渝山地的自然地理环境，因此，巴渝民居的总体特征是分散布局。耕地而居，面水靠山，碉楼作为民居的附属，也随民居布局灵活，分散在村落各地，均以小规模的家庭防御为主。也正是因为布局分散的特点，隐匿于大山深处的诸多碉楼鲜为人知，修缮维护的不便将极具时代特性的碉楼遗产推向绝境。

2.住防一体的多样类型

渝东南碉楼经历了从战乱到和平数百年的形态演变，在重庆本土地理人文环境的影响下逐渐形成了以巴渝风格为主体，移民文化风格杂糅的大融合局面，造型丰富，形态多样，或传统朴素，或气势恢宏。根据资料收集整理，渝东南现存碉楼在建筑风格上可分为客家碉楼（图5-14）、单体设防碉楼民居（图5-15）以及洋房子碉楼（图5-16）三类；从建造材料上可分为石砌碉楼、砖砌碉楼和夯土碉楼三类，渝东南地区以夯土碉楼为主。❶无论何种风格，何种材

---

❶ 陈蔚，刘鑫：《重庆地区传统碉楼建筑的特征与类型》，载《重庆建筑》，2014（3），第5-9页。

料，碉楼建筑都与住宅民居发生着或多或少的联系。

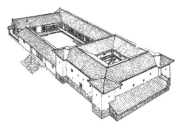

图5-14 ｜ 客家碉楼　　　　图5-15 ｜ 单体设防碉楼民居　　　　图5-16 ｜ 洋房子碉楼

（四）渝东南碉楼民居活化利用的"变"与"不变"

综上对渝东南碉楼民居进行基础研究，发现碉楼既是特殊时期物质的建筑体，也承载了历史的变迁，是非物质文化的见证。因此，面对这样具有特殊内涵的乡土建筑遗产，如何保护与活化才是可持续的？关于"变"与"不变"的辩证关系才是乡土建筑遗产与传统村落活化利用的内核逻辑。

巴渝碉楼是独一无二的地域性文化财富，"不变"在于保护地域特色，使其成为一种不可复制的文化资源；"变"在于使其更好地顺应时代发展需求，使村民能将这种文化财富变现，使游客能享受其中并传承文化，使乡村能更加生态富饶。

二、渝东南碉楼民居空间特征调研分析

（一）碉楼建筑单体特征

渝东南碉楼在本地自然环境与民风民俗影响下与民居建筑融合，不断本土化发展，逐渐形成了自身特色，在外形上也完全吸纳了巴渝传统民居简单清逸的特征，减退了中原军事坞堡的雄浑，也弱化了客家土楼追求的宗族共屯的气势❶，缩小规模，适应性调整空间布局和功能，运用本土建造材料与工艺，出现本土化装饰等新变化。

1."高挑封闭"的防御特性

（1）碉楼防御特性。碉楼建筑在立面外观上呈现"高挑封闭"的防御特性。福寿碉楼在防御属性上表现为高墙封闭的被动防御和通过射击孔和角楼进行主动防御。碉楼下部由条石砌筑勒脚，条石勒角不仅是防御基础，结构上更加稳定耐用，并防雨防潮。条石以上用夯土砌筑高墙，条石与土墙共同构成了碉楼防御墙体，承担着被动防御的主要角色。

碉楼二层以上四面均匀开设外窄内宽的喇叭形射击孔，碉楼内部多采用"转角式"木构楼

---

❶ 季富政：《重庆碉楼类型演变》，载《重庆建筑》，2016（5），第5-8页。

梯，沿墙面排布而上，射击孔的高度也随楼梯位置开凿，这样可以合理安排防御火力。顶楼视野高，射程远，因此，设置木结构瞭望与射击的角楼，射击孔和角楼承担着主动防御的重要角色。

（2）碉楼朝门特征。碉楼底楼设石头朝门，开一处或两处，多以条石做门框，门扇有木质门扇和铝板外包门扇（图5-17），朝门形态以方正矩形为主，外来文化影响下出现弧形刻线石门框。

图5-17 ｜ 福寿镇碉楼门的形态

福寿镇现存碉楼有两种特殊类型：一是落凼碉楼在碉楼入户门外包石砌门厅，将镂空雕花的木门藏在门厅之内，体现出户主人含蓄内敛的审美情趣；二是塝上碉楼将防御的碉楼像烟囱似的藏在民居内部，与巴渝传统民居中阁楼形式类似，仅有1 m见方的洞口梯步进入。

（3）碉楼墙体界面特征。传统碉楼下层多使用不便，因此，当地人通常不将底层算作楼层里，便有了几楼一底之称，常见两楼一底，三楼一底。墙体构造主要有两类：一类是碉楼墙身整体用素夯土修筑，混以松木、浆等加固，墙厚为50～80 cm；另一类是底层用条石垒砌加强防御。条石的运用所见有两种：一种是条石筑基50～70 cm高，上为夯土；另一种是一层整体用条石垒砌，二层以上用夯土修筑，为了美观，会在夯土墙外粉刷白色外墙漆，但随着时间流逝，白色墙漆大多脱落露出素夯土，尽显碉楼的沧桑之美（图5-18～图5-20）。

图5-18 ｜ 素夯土墙面　　　　　图5-19 ｜ 夯土墙面外饰白漆　　　　图5-20 ｜ 条石厚基底墙面

（4）射击孔与开窗特征。碉楼封闭性自下而上逐渐减弱，下层不开窗或开小窗，射击孔起着微弱的采光作用。福寿镇现存碉楼的射击孔均是极小的里大外小的矩形或方形喇叭状射击孔，有木材拼接、整石凿刻等制作方式，内径多在20～40 cm，外径小至10～20 cm（图5-21），该设计能更好地观察敌人动向，更好地起到防御作用。

碉楼底层不开窗，二层以上少开窗或开木质小窗，窗户形式多沿袭本土传统民居开窗特征，常见网格窗、矩形直楞窗和对开窗（图5-22），小窗满足部分采光的同时也起着防御射击作用。

图5-21 ｜ 福寿镇碉楼射击孔形态

（5）屋顶和角楼特征。福寿镇现存碉楼的屋顶均为歇山顶，出檐较大，并有飞檐翘角之势，宽出檐和翘角既使得碉楼更加美观，同时可以将雨水更远地甩离碉楼，保护碉楼墙体不受雨水侵

图5-22 ｜ 福寿镇碉楼开窗形态

蚀（图5-23）。顶层立面或木构与土墙同做，或仅有木构架支撑，以此保证通风采光，但木构耐久性和防御性差，现多荒废闲置以防坍塌。

顶层的角楼沿袭西南传统吊脚形制（图5-24），见有对角设置，亦有单边或绕碉一周的角楼，弥补射击死角，闲时可作为观景平台使用。竖向的挑柱架与屋顶出檐部分以承重，木板垫底，挑廊景观面开阔，便于观测敌人位置，同时增添室内采光，但木构架难敌火攻，不利于防御。

图5-23 ｜ 福寿镇碉楼屋顶形态

图5-24 ｜ 福寿镇碉楼屋顶角楼形态

2."四方局促"的平面布局

调研发现福寿镇现存碉楼有较为稳定的平面形式，区别于藏羌碉楼上小下大的形式，渝东南碉楼是上下一致的方形或矩形筒状形式，等边的方形可以均匀防守与进攻力量，修建难度相对较小，同时，方形的抗震抗压作用更强，方形的形制使碉楼能矗立百年而不倒。碉楼单边长多为5～8 m，单层面积在20～50 m²不等，体量总体较小。

动乱时代碉楼内部以攻击防守和储备物资功能为主，和平年代主要有居住、储物两种功能。在内部空间布局与功能使用上，底层多用作储物或闲置，狭窄局促的四方布局对日常生活造成不便。室内有沿墙体修建的楼梯联通上下，部分拆除了原本腐朽的木楼梯，修建了更为安全耐用的混凝土楼梯，每层均有支撑楼板的椽子嵌入土墙中。二层以上空间多与民居内部相连作为生活起居使用，顶层丧失防御功能后的木质角楼和屋架因年久失修而荒废。

3."因地制宜"的建造与装饰

据学者季富政研究，巴渝夯土碉楼与民居的联系表现在二者的协调性上，这种协调性主要体现在二者建材的同一性以及由此产生的色彩的同一性上，并在梁架、檩椽的搭建方式上也施同法，福寿镇碉楼在建造和装饰上同样表现出因地制宜的协调性和特殊性。地处乡村深处的碉楼建造多就地取材，本土的土、木、石，本土的建造技术与工艺，本土的装饰审美均有所体现。

（1）建造工艺与材料。碉楼建筑外立面的色彩、材质、屋顶形式都与民居建筑有着协调统一的特性，主要表现在均采用地域性的夯土筑墙，同一形式的门窗，屋顶木构青瓦坡屋顶。同时，碉楼的建造又具备其独特的防御特性，将易燃的木材集中在顶部和碉楼内部，外部大量采用本土的石、砖、夯土材质，不仅防火防潮，对外部火攻也有较好的阻燃效果。❶墙体土墙夯筑，选在冬天建造，冬天少雨，土墙慢干以增强其耐久和牢固性，并掺以沙、石、植物纤维等环保性材料。顶层和内部楼梯均采用本土民居常用的杉木修筑，内部木楼梯多为粗木，楼顶梁架多为榫卯圆作。

（2）装饰与审美。在碉楼建筑装饰上也别具一格，从门框、门扇到开窗造型，再到挑廊围栏和屋顶装饰都体现了碉楼装饰的地域性、融合性、时代性。巴渝汉族地区的审美多质朴，不喜烦琐的装饰，福寿镇的碉楼同样有所体现（图5-25），在碉楼装饰上多是简洁传统的吉祥纹样或文字雕刻，例如，落凼碉楼屋脊两端的龙飞凤舞塑像，以及镂空木门扇雕花均工艺精湛，造型精美；又如下石龙门碉楼圆拱形西式门洞简洁的线条将石质门框勾勒得含蓄典雅，这都反

---

❶ 萧依山，梅青：《巴渝地区碉楼防御体系研究——以重庆市涪陵区大顺乡瞿九畴客家土楼为例》，载《重庆建筑》，2021（11），第238-239页。

映出主人的雅趣与时代审美。

图5-25 ｜ 福寿镇碉楼装饰特征

（二）碉楼民居院落特征

1."因势利导"的空间布局

无论是碉楼民居还是任何巴渝传统乡土民居，均靠近溪流，耕地而居，这样"背山面水称人心"的天人合一的可持续居住空间是巴渝人们在顺应自然和适应生产生活的经验总结和居住哲学。碉楼的出现使合院民居在巴渝地区成为居住形态的一种主要表现，作为民居防御附属构筑，碉楼一般不处在合院核心位置，不讲究中心对称，通常位于正房左右角或四周等防守死角（表5-1），表现出因地制宜的随意性。

福寿镇的民居布局总体分散，少以聚落组团形式出现，或沿主干道分布，或沿袭传统，以家庭为单位小组团地靠山近水，择地耕种而居，因此，碉楼也分散在多个乡村民居院落中，较为隐蔽难觅。福寿现存的碉楼在院落空间布局上呈现出了分离、附着和嵌入三种形态（表5-1），每种形态都体现出不同程度的防御与居住之间的紧密联系，这对巴渝民间设防的夯土碉楼民居的空间形态研究有着概括性的作用。

表 5-1 福寿镇碉楼民居空间形态

卢家院碉楼	落凼碉楼	下石龙门碉楼	塝上碉楼
分离式	附着式	附着式	嵌入式

2."错落有致"的天际轮廓

在福寿碉楼民居院落中，挺拔高耸的碉楼与低矮的传统民居建筑在立面上构建起的天际轮廓一扫传统水平屋脊的呆板沉闷，同时起着视线汇集的作用，也正是因为碉楼和民居呈现不同的围合形态，表现出丰富的天际线形式，使错落有致的屋脊变化更显得生动活泼（图5-26）。碉楼墙面和民居墙面用材的统一，屋面木构架和坡屋顶的统一使碉楼民居在立面上更为协调，这种既协调雅致又丰富活泼的民居立面成为福寿乡村一道显眼亮丽的风景。

图5-26 ｜ 福寿镇碉楼民居天际轮廓

（三）碉楼民居外部景观特征

1.内层生活景观

碉楼民居在外部景观特征上与普遍的巴渝乡村民居一样，均是由地域性的生活生产场景景观构成。民居的房前屋后充斥着浓厚的乡村生活场景，软质的菜地、果园、池塘、养殖的家禽圈舍；硬质的道路，围栏，还有院内堆放的柴火粮草，生产用具器械，院坝晾晒的谷物，这些内层的生活景观营造出浓郁的原乡氛围。

2.外层生产景观

巴渝乡村景观就是生产和生态主导的环境景观，随生产要素而不同，随四季交替而变化，随生活习性而丰富，呈现出不同韵味的田园景致。春天嫩黄的油菜花海、夏天绿油油的麦田、秋天金灿灿的稻田、冬天树叶凋零的萧瑟，四季更迭，一幅幅色彩斑斓的田野画卷在悄无声息地展开，这便是处在碉楼民居外围的大面积的生产性景观。碉楼民居自身的独特魅力和院落之外的生活景观、生产景观、生态景观共同组成独特的乡村田园景象（图5-27）。

图5-27 ｜ 福寿镇乡村生产性景观

（四）碉楼民居现状问题

1.年久失修，闲置荒废

经济的快速发展使得乡村人口流失，空心化现象严重，乡村民居建筑被大量闲置荒废。民居院落铺装脱落，杂草丛生，院内的资源也未得到合理利用，民居环境丧失活力，缺乏生机（图5-28）。

2.布局失调，功能局限

碉楼建筑自身的局限性也是使其荒废的重要原因。独立建造的碉楼内部空间狭窄，通风不畅，阴暗潮湿使其功能布局和使用受限，因此，大多闲置或改建。加之碉楼修建的年代久远，对修缮技艺要求较高，墙体、室内木结构、屋顶构架均有不同程度的损坏，碉楼内部空间利用不当，结构

图5-28 ｜ 福寿镇碉楼民居及环境现状

的破损，外部立面年久失修使其进一步面临荒废拆除的困境。

3.原乡失味，风貌杂乱

为满足现代生产生活的需求，居民对传统的民居建筑进行加建改建，抑或拆除不符合现代生产生活需求的碉楼，修建起象征着现代的砖混结构建筑，采用欧式元素来彰显所谓的潮流，失去了原本民居院落在立面上既协调又活泼的状态，传统的乡土建筑是凝聚了乡愁的文化载体，而该现象严重影响着乡村自然和人居风貌，"原乡"的历史肌理和乡愁不复存在。

（五）碉楼民居价值

乡土建筑遗产价值评估的主要目的是判断建筑及其环境的现实使用价值，以及与保护利用条件相适应的未来发展潜力。研究通过科学分析建立现存状态、文化价值、发展潜力三个价值评估体系指标，基于现有资料梳理出福寿镇现存碉楼民居具备三个具体价值：历史文化价值、美学创作价值和乡村振兴价值。

1.历史文化价值

福寿镇汉地乡村夯土碉楼民居作为巴渝地区特殊历史时期的宝贵遗产，其历史文化价值主要体现在以下三个方面：其一，碉楼修建的年代均为清末民初，其历史岁月价值显著；其二，碉楼修建时代久远但建筑本体保存较为完好，体现出村民自主修筑技术的科学性，值得当下研究借鉴；其三，无论是碉楼建筑本身所蕴含的防御文化，在地性的建筑技艺等物质层面，还是碉楼所蕴含的人民对和平幸福生活的美化向往，顺应时代背景的传统的装饰审美观，以合院形式居住和防御的家族观等精神层面，都体现着强烈的时代特性和地域特性。

2.美学创作价值

美学创作价值和历史文化价值同属建筑遗产的文化价值类别，主要表现在两个方面：一是碉楼建筑的美。福寿碉楼作为巴渝民居建筑乃至中国传统建筑的一朵奇葩，不具备民居普遍性，在农耕文明时期少有的高挑且坚固，淳朴且科学的美学价值是独一无二的；二是碉楼民居院落的美，福寿碉楼和民居的组合方式多样，在立面上构建了丰富的天际轮廓之美，碉楼和传统民居在材质上协调统一之美都展现出碉楼和民居共同营造的独特的美。

3.乡村振兴价值

福寿碉楼虽处在不同村落，但可达性高，通过活化利用在区位上可串联为碉楼文化圈。据调研得知，现存碉楼建筑在使用功能上存在一定的局限性，但作为民居的附属部分一般不作为主要功能性空间，可通过创作与民居重组成新的功能空间。重庆市成立乡村振兴局后大力推进乡村振兴，为传统村落或乡土建筑遗产的活化建立了坚实的制度保障。碉楼民居的活化利用对内能够美化乡村人居环境，增强村民文化自信，以此发展文化旅游产业，给予村民更多的就业机会，对外而言能够吸引游客体验乡村文明，学习和传承碉楼文化，起到碉楼文化复兴和乡村振兴相互促进的作用。

三、福寿镇碉楼民居活化利用策略

（一）活化利用概况

1.活化利用理论指导

（1）有机更新理论。由吴良镛院士在北京旧城发展课题中首次提出，他认为从城市到建筑，从整体到局部，如同生物体一样是有机联系、和谐共处。针对传统乡土建筑和民居活化利用的"有机性"则体现在要尊重村落和乡土建筑遗产文化肌理，保护地域文化特色、民居建筑特色、庭院布局特色等；把握好尺度，根据更新的内容和需求做到最小化干预。

（2）类设计理论。受"类四合院"理念的启发，学者关瑞明提出了"类设计"理论，即"传统民居中某些经过提炼的要素在当代住宅设计中的再现"。[1]类设计理念既强调延续文脉又重视活化创新。延续是对传统的继承与发扬，包括传统的建筑理念、在地的建造技艺、人文习俗，在延续中再现传统民居的地域文化；创新是在继承的基础上"提炼"传统要素进行现代化的有机演绎，在创新中寻求民居建筑的个性表达。

---

[1] 关瑞明，陈力，朱怿，王珊：《传统民居的类设计模式建构》，载《华侨大学学报（自然科学版）》，2003（2），第151-155页。

2.传统民居活化实例

（1）"拯救老屋行动"的松阳经验。浙江省丽水市松阳县是华东地区古城古镇古村体系保留最完整、乡土文化传承最好的地区之一，乡村振兴战略实施以来，松阳县依托丰富的地域资源，提出"文化引领乡村复兴""拯救老屋行动""针灸式建筑改造""国家传统村落公园"等特色乡村振兴路径。

松阳县高度关注传统古村，认可老屋的价值，将老旧建筑放到整个县域层面，整合要素，以复活传统村落整村风貌，复活传统民居的生命力，复活传统村落的经济活力，复活传统村落的优良文化基因，复活低碳、生态、环保的生产生活方式为目标，通过"老屋+工坊"（图5-29）、"老屋+民宿"（图5-30）与"老屋+艺术村"（图5-31）等一系列"老屋+"的活化利用方式打造出时代发展的需要，让村民看到了老屋发展可能呈现的景象，能够享受到活化利用带来的红利，认可价值甚至恢复自信。

（2）丰盛古镇的活态更新。位于重庆主城东南边陲的巴南区，丰盛是重庆唯一一个位于渝东地区的千年古镇，水陆交通便利，自古以来便是兵家必争之地，故

图5-29 ｜ 老屋+工坊

图5-30 ｜ 老屋+民宿

图5-31 ｜ 老屋+艺术村

当地富商地主多造碉楼堡寨以保一方安全。至今丰盛古镇上仍有7座碉楼保存较为完好，是重庆市内最大的清代碉楼群（图5-32）。

近年来，丰盛镇以碉楼的活态更新带动古镇旅游产业的发展。在古镇保护中，丰盛古镇主要采取的手段是保存古镇原有格局和历史文化风貌的原真性；分级分层对民居建筑风貌进行修缮与保护；从社会、环境、经济和文化四个方面协调区域整体发展。对古镇内现存的具有一定

图5-32 ｜ 巴南丰盛古镇碉楼

历史文化价值的老旧建筑规划为重点保护点，并对其进行严格的现状评估和上位规划，针对性地提出保护、修缮、改观、拆除四类改造更新模式。通过活化利用，对古镇传统村落的保护和乡村振兴起到了积极的作用。

3.活化利用原则

（1）原真性原则。原真性原则侧重遗产保护"深度"（时间轴）的保护；整体性原则侧重遗产保护"广度"（空间轴）的保护。具体而言，原真性原则强调遗产建筑的原始风貌、遗产建筑自身的历史发展信息等内容，使遗产建筑能够作为历史信息的载体真实存在，其主要内容包括物质形态、技术工艺、环境场所、社会生活的真实性。

（2）整体性原则。整体性原则的"广度"内涵体现在遗产建筑和周边环境在范围上的整体保护与利用。这里的环境不仅指遗产建筑周边的建筑构筑、自然环境等物质方面的风貌环境，还包括在遗产建筑存在的历史长河中形成的社会活动、习俗、传统观念等非物质的人文环境，它们营造了环境空间和动态的精神文化场所，隐含着场所精神的回归和文化延续的渴求。

（3）可持续发展原则。可持续发展原则是一个动态概念，其内涵是从保护人类赖以生存的生态环境出发，同时满足当代人和后代人的需要，而不是牺牲一代人的利益来成全下一代。正如吴良镛院士所说"任何改建都不是最后的完成而是处于持续更新中"。

（二）碉楼"针灸"与微介入策略

1.碉楼"针灸"激发动力

整体性上，将碉楼及其所在民居作为针灸疗法的活化利用策略，以碉楼民居为载体，类似中医"针灸"的方式介入乡村振兴。评估福寿现存碉楼所在地理位置、周边自然人文环境状况，挖掘不同碉楼民居自身特点，针对性地对样本碉楼民居空间进行功能定位与上位规划。通过碉楼民居的针灸式活化更新，重塑乡村的文化标识，定点激活文化和经济发展，以此形成现存碉楼之间、乡镇之间、城乡之间的系统性串联，以达到定点设计、局部活化、整体振兴的目的。

2.可持续的微量更新

碉楼建筑遗产的未来，微量更新利用就是更加可持续的动态保护方式。将现存碉楼中保存较好的碉楼建筑外立面进行加固处理，内部功能重新规划，在不改变碉楼原有风貌、建造技艺、原始历史文脉的前提下对其进行微量更新，使人可以参与其中，近距离感受碉楼的沧桑历史，适应性地加入文化业态，使碉楼本身成为可持续发展的圆点，碉楼文化资源能够可持续地传承和利用，村民能够获得可持续的经济利益。

（三）民居空间复合更新策略

1.空间布局织补

在乡村振兴的大背景下，应对碉楼民居的空间布局进行适应性重组与规划，将居住模式进行优化，通过对民居内部建筑材料以及内部空间的改造与再利用，提升室内空间功能和尺度。同时，使碉楼建筑遗产最大化地发挥承载文化、传播文化的作用，村民能够更加便捷地生产和生活，游客能够更加深刻地体验碉楼文化和感受乡土风光。

2.功能复合重组

在多元文化和需求共存的当下，传统的民居更新改造已不符合村民和游客日益增长的物质和精神需求，因此，乡村民居空间和公共空间呈现出功能复合的趋势。功能的复合叠加具体表现在以下几个方面。

（1）生产功能复合。在满足居住安全与基本使用功能的基础上对村落内部的生活空间进行重组，如将厨房改造为家庭作坊，将碉楼改造为乡村民宿、书店等。

（2）展示功能合一。根据功能要求合理规划建筑空间布局和空间形态，既满足了人们对传统建筑的认知和体验需求，又满足了物质及精神生活的需求。

（3）文化价值的提升。在满足居住安全与基本使用功能的基础上，合理规划布局，结合时代特征和当地文化特色进行功能复合创新。

例如，中国香港大学在土楼改造实践（图5-33）中大胆地将现有的小窗转变为一个新的入口空间，从而将一个新的公共图书馆引入土楼内部，设计通过翻转土楼内外关系，将土楼面向新的外部环境敞开。

3.新旧要素交融

乡村振兴中的活化利用是用现代的设计理念和手段进行在地的、乡土的再设计，新与旧代表着传统与创新的融合，旧的乡村元素进行新的在地应用，新的介入与旧的生活方式协调等关系。例如，湖南怀化的坪坦书局（图5-34），从建筑结构到墙、楼梯、地板的每一个元素都由本地的木材建造，书屋也完全按照传统侗族木构技艺建造，但在建筑外立面表达上运用了现代科技的采光阳光板，新旧材料在书店交融共存。以福寿镇古碉楼民居为例，在保护和活化利用的过程中要进行新旧要素转译：传统与现代的结合，乡村文化与现代生活相融合，现代设计理念与历史文化遗产元素相融合。

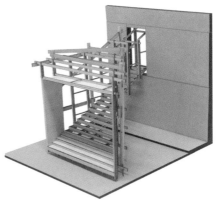

图5-33 ｜ "插件"土楼改造

图5-34 ｜ 湖南怀化坪坦书局

（四）乡村环境协同发展策略

1.美化人居环境

　　乡村发展与其人居环境的改善存在着相辅相成甚至是相互促进的作用。乡村人居环境中基础设施的完善、垃圾分类、污水治理、乡村厕所建设、民居的风貌整治与环境美化等都需要政府引导、村民积极参与的共同作用。例如，重庆中梁镇（图5-35）将民居改造作为人居环境美化的重点内容，夯墙黛瓦，木条廊架勾勒传统民居缩影，精心打造的院墙花坛、碧水环绕间还有竹林掩映，设计不仅美化了农院人居环境，同时带来了致富的商机。

2.重塑文化氛围

乡村人文环境是在长久以来在历史文化习俗和乡村生产生活中所形成的非物质的特有的历史文化资源。在特殊历史时期形成的碉楼具有鲜明的历史性、乡土性、地域性。因此，碉楼民居的活化需要重塑文化氛围，需要重新焕发碉楼文化的生命力和内生动力，通过重新整理碉楼谱系、深度挖掘碉楼价值，艺术介入以促进碉楼文化的再认识与再发展，以碉楼民居的活化和碉楼文化的重塑推动乡村经济、生态、文化的全面振兴。

图5-35 | 重庆沙坪坝中梁镇人居环境美化

四、福寿镇碉楼民居活化利用设计应用

（一）福寿镇背景概述

1.福寿镇区位概况

福寿镇史称锣洞坪，位于南川区北部，面积42km²，全镇辖5个行政村，全镇总人口1.26万人。福寿镇所在地距南川城区21km，渝湘高速大观出口17km，南两高速石溪出口11km，处于重庆1小时经济圈、南川半小时经济圈。东与鸣玉镇相邻，西靠木河图镇，南与西城街道接壤，北接石溪镇。

2.福寿镇碉楼现状

（1）福寿镇碉楼民居概况。根据调研走访问卷的结果显示，福寿现存碉楼大多修建于清末民初，由此推断福寿碉楼兴建与清末民初的农民起义、土匪横行等事件中政府鼓励民间建碉自保有关。新中国成立后，当地碉楼多被认定为地主资产以回收再分配给农民使用，和平时代使碉楼防御功能丧失，但对于特殊历史时期的文化研究具有重要价值。

（2）福寿镇碉楼民居保护利用现状。2014～2015年，福寿镇政府对域内文化古迹进行了现状普查和资料整理，届时福寿镇的碉楼遗址有落凼碉楼、下石龙门碉楼、塝上碉楼、卢家院碉楼、瓦房碉楼、杨家桥碉楼6处。待到2022年6月，笔者跟随导师团队针对福寿镇碉楼民居进行田野考察时，瓦房碉楼和杨家桥碉楼已经因年久失修被损毁拆除，仅保留落凼、下石龙门、塝上、卢家院四处碉楼。

（二）碉楼民居活化利用设计规划

1.设计思路

设计通过对福寿镇碉楼民居样本进行详细测绘调研，分析碉楼民居空间形态，准确把握其空间特征，对现存碉楼建筑本体进行价值评估，遵循相应的活化利用原则，针对性地提出活化利用策略，并将设计策略应用于设计实践中。设计原则是尊重地域特质和文脉肌理，凸显碉楼主题文化特色，坚持以人为本的空间布局和节点设计。设计手法上对碉楼文化和乡土符号进行元素提取和艺术化演绎。

2.设计重点与设计理念

设计的重点是处理保护与活化的关系：乡土建筑遗产保护是基础，但单纯的静态保护难以达到活化继承的目的，需要协调传统的、静态的保护和动态的活化利用之间的矛盾关系。处理点与面的关系：福寿碉楼分布在不同村落，如何将碉楼遗产文化自信、文化影响辐射到整个村镇是改造设计的一大难点。处理新与旧的关系：新材料与旧建造材料、新技术与传统技术、新改造与旧居住模式。处理乡土风貌与艺术介入的融合关系：将现代艺术设计与乡村地域风貌有机结合。

（1）功能定位。对福寿镇碉楼民居区位和环境优势进行梳理整合，资料收集当下乡村文旅的热点趋势，将四处碉楼民居活化改造为以居住生活、文化科普、休闲观光、农耕体验、公共服务为主的复合型民居空间，以点带面的针灸模式激活乡村。

（2）文化定位。通过对碉楼文化元素、农耕文化元素的深度挖掘和利用，使其与碉楼建筑、民居院落、公共空间、村落环境发生联系，将碉楼形成线路串联，打造巴渝碉楼文化乡村旅游目的地，带动碉楼文化复兴，振兴文化自信，推动产业发展，实现共同富裕。

3.福寿碉楼主题文旅规划

福寿镇在区域文旅游线上，南川区北有黎香湖风景区，南有金佛山风景区，自然环境优越，交通便利，福寿镇处于两者之间，区位优势显著。福寿镇碉楼文化背景，域内丰富的福寿文化古迹等资源条件有着浓厚的旅游开发潜力。设计以福寿镇四处碉楼民居为空间载体，针灸式的碉楼活化，打造串联碉楼点位，穿插特色的七孔扁崖墓群、金池峒古迹等文化古迹的文旅线路和文化IP，以此传播碉楼文化，刺激旅游消费，带动经济发展。

（三）上观远方・下走寻常——福寿镇碉楼民居活化利用设计

1.碉楼广场

碉楼广场选址福寿乡大石坝村的卢家院碉楼，大石坝村紧邻福寿场镇，区位优势显著，因此，将其定位为碉楼文化展示和科普，村民集市和公共广场空间（图5-36）。碉楼前公共空地运用碉楼文化游廊、浮雕、模型展架展现碉楼故事，将廊内设计为村民集市，售卖和展示福寿特色产品，是碉楼和农耕文化宣传的集合地（图5-37）。

图5-36　｜　碉楼广场平面图　　　　　　　　　图5-37　｜　碉楼广场鸟瞰图

设计以碉楼文化为主线，设计碉楼文化游廊展示碉楼故事，兼作村民集市，廊架延续坡屋顶形态，将支撑的立柱与文化互动景墙结合。夸张的"碉楼"字样和运用透明瓦拼成"巴"字（图5-38），强调巴渝碉楼的地域归属性。提取碉楼枪孔形态和巴渝穿斗民居构架设计碉楼模型艺术展架（图5-39）。

图5-38　｜　碉楼文化游廊

图5-39　｜　碉楼广场细部效果图

从沿路的大片竹林、农户随处可见的竹编背篓和竹编艺术获取灵感，在四处碉楼民居活化中置入不同形态的"竹台"以形成文化串联，碉楼广场面朝水库，根据场地高差设计"望水竹台"（图5-40），可反观碉楼风貌，远眺水面静波。

图5-40 ｜ 望水竹台效果图

2.流曲茶廊

流曲茶廊选址福寿乡打鼓村的下石龙门碉楼，碉楼矗立在院内右侧角，建于民国初年。碉楼为土木结构，三楼一底共四层，四方形制，6.5 m见方，碉楼与民居呈附着式空间布局，一正两环，三合院构筑。下石龙门碉楼背山，面朝大片梯田，景观视野开阔，院内布局方正，设计以开敞的院坝为载体，从碉楼下的廊架获得灵感，在院坝空间设计一处供居民游客喝茶、摆龙门阵、民俗表演、休闲娱乐的茶馆空间（图5-41）。

设计扩展原有台阶形成以碉楼为背景的舞台，游客在此喝茶、听曲、游戏、观景（图5-42）。

图5-41 ｜ 流曲茶廊片区平面图   图5-42 ｜ 流曲茶廊整体效果图

流曲茶廊主体设计提取蜿蜒层叠的梯田的自由曲线，取材茂密竹林，以廊架的形式串联院坝空间，廊下部分空间利用玻璃和夯土墙围合室内茶室（图5-43），曲线茶廊使碉楼形成景观焦点，将碉楼的宏伟和历史遗留的岁月肌理展现得淋漓尽致。坝坝茶馆的竹台元素运用在梯田田坎上，硬化部分田坎，设计绕田而上的栈道，"竹台"的元素构成"梯田竹道"（图5-44）。

3.寻常书舍

寻常书舍选址福寿乡打鼓村落函碉楼，与石龙门碉楼隔田相望，落函碉楼建于民国初年，土木结构，两楼一底三层，正四方形制，5.5 m见方，院子为合院布局，碉楼与民居分离，位于合院右侧。将荒废的落函碉楼定位为乡村书舍，重塑碉楼室内空间布局，集合阅读、艺术体验、休闲观景、小型会议宣讲等公共功能（图5-45）。

景观部分将周边民居建筑外立面粉饰白漆，与碉楼的土黄形成鲜明对比，凸显碉楼古朴的历史肌理（图5-46）；将碉楼前的池塘水景作为焦点打造新的入口景观空间，水倒影的柔和夯土碉楼的硬共同烘托出浓厚的碉楼文化氛围；提取碉楼飞檐翘角的屋顶形式改造民居屋顶形式，书舍属性提取"纸"的意向，结合碉楼前水景设计翘纸水廊（图5-47），用"竹台"构架连接两个廊，构成院落主体景观。

图5-43 ｜ 流曲茶廊细部效果图

图5-44 ｜ 梯田竹道效果图

图5-45 | 寻常书舍平面图

图5-46 | 寻常书舍院落景观效果图

图5-47 | 翘纸水廊效果图

4.福寿宿集

福寿宿集选址民庄村的塝上碉楼，塝上碉楼的独特性在于其嵌套在民居住宅空间里，碉楼顶层由于年久失修处于荒废状态，由此将塝上院落定位为福寿宿集以激活碉楼空间（图5-48）。"宿集"不同于传统的乡村民宿，是集餐饮、住宿、休闲观光、农创售卖与农耕体验、福寿文化创意工坊于一体的以民宿为主体的功能集合型空间（图5-49）。

图5-48 | 福寿宿集平面图

图5-49 | 福寿宿集鸟瞰图

设计围绕"福寿"发散，福寿本身的吉祥含义给游客带来心灵的祥和体验，将客房以"福""寿"字命名，户外的两边阶梯对称设计也象征着"福道"和"寿道"的有机统一（图5-50），墙面牌匾的福寿赋介绍着福寿镇的乡风文明、原乡住宿、蔬果采摘、福寿农创售卖、特色餐饮等体验福寿的乡土人情的活动。

设计遵循原始民居建筑空间布局，建筑界面更新以碉楼屋顶木构架外檐牛角形支撑为原型，运用木材拼接的方式设计阶梯的支撑和格栅装饰（图5-51）。将"竹台"置入延伸在菜地的栈道平台形成"绕粮栈道"（图5-52）。

五、总结与展望

随着乡村振兴的大力推进，经济的快速复苏，特色乡村文旅的热度在持续升温，越来越多隐匿在大山深处的乡土建筑遗产逐步浮出水面，这也意味着对乡土建筑遗产的活化诉求也会变得更加多元。

本研究在乡村振兴大背景下关注渝东南碉楼民居，文献梳理渝东

图5-50　｜　福寿宿集庭院效果图

图5-51　｜　格栅造型支撑与装饰效果图

图5-52　｜　"绕粮栈道"效果图

南地区碉楼历史沿革、分布与类型，并以重庆南川区福寿镇碉楼民居为切入点探索碉楼民居的空间形态特征，对福寿镇现存碉楼遗产进行价值评估，由此提出针对性的活化利用策略，并将理论策略运用在设计实践中，总体上较为系统地呈现了碉楼建筑遗产活化利用的路径流程。

在社会逐渐复苏的后疫情时代，在乡村振兴战略持续推进的新时代，更需要我们去挖掘这些传统的、美的、值得被看到的、被保留的文化遗产，这不仅是对文化的传承和延续，更是唤起人们尘封已久的乡愁记忆和归属感的有效途径。对巴渝传统碉楼民居的关注和研究任重而道远，在未来的研究中，希望更多的学者从更广泛的层面和更深入的视角拓宽乡土建筑遗产的研究邻域，形成一体完整的系统的活化利用工作体系。

案例三　自然教育主题山地休闲农业园景观设计研究——以奉节青杠村牧云农场为例❶

党的二十大报告中指出："尊重自然、顺应自然、保护自然，是全面建设社会主义现代化国家的内在要求。"开展自然教育，可以提高全体国民保护和改善自然的意识，是实现人与自然和谐共处的基础和前提，也是我国生态文明建设的重要内容和组成部分。当前我国的自然教育活动正处于快速发展时期，并且已经从只针对儿童，转向了服务全社会各个年龄阶段人群的全龄化教育活动。

对于自然教育而言，休闲农业园凭借着丰富的自然资源和文化资源，被大量开发和改造为自然教育基地。然而这些农业园一般位于基地较好的平原地区，项目内容也趋于雷同。对于土地相对贫瘠的山地丘陵地区，其休闲农业园的开发和可利用资源常常被人们忽视，❷导致该类型农业园的发展不足，产业模式失衡。

运用山地休闲农业园景观开发自然教育产业，可以优化该类型农业园的产业结构，提升景观品质，提高山地农业的经济效益。同时，让自然教育进入全民大众的生活中，丰富自然教育的活动方式和平台，促进自然教育理论体系多元化发展。

---

❶ 此案例为研究生论文，指导教师：杨吟兵，研究生：秦晋。
❷ 高旺，陈东田，董小静，徐学东，张晓鸿：《结合山地景观开发利用的农业观光园区规划设计研究》，载《中国农学通报》，2008（11），第290-293页。

一、自然教育与山地休闲农业园

（一）自然教育相关概念分析

自然教育是以自然环境和本土文化为依托，以科普、实践、游乐、休闲等活动为手段，引导社会各个年龄阶段的人群解放天性、走进自然、学习自然，从而促进身心全面健康发展的一种教育模式。由自然教育环境、参与者、自然教育活动、自然教育内容四部分组成。

（二）山地休闲农业园相关概念分析

山地休闲农业园是利用山地的自然环境，结合自身产业、本土文化、场地环境等特色资源，开发的包含农业生产与加工、农业体验、科普教育、文旅休闲、康养度假等多种功能的综合性农业园区。山地休闲农业园的开发通常会受到地形、地质、坡度、坡向等自身环境因素的影响。

（三）山地休闲农业园的景观类型

山地环境地形起伏多变，包含坡地、河谷、台地等多种自然风貌。《地理学辞典》认为：山地是许多山的总成，由山岭和山谷组成，具有较高的海拔和相对高度。因此，结合山地的定义和特性，可以将山地休闲农业园景观分为沟谷型和坡面型两种类型。

1.沟谷型山地景观

在山地环境中，两个高坡之间会形成沟谷。沟谷中的视线比较封闭，属于闭合空间。该环境的景观布局相对坡面更加集中，并且呈线性分布。沟谷的环境中一般会拥有水流较为平缓的水系、舒适的气候、肥沃的土壤、多样性的动植物群落等优质的自然资源。

2.坡面型山地景观

山地的坡面视线较为开阔，其景观沿等高线呈梯级分布（表5-2）。坡面型山地景观的生物容易受到坡度、坡向等因素的影响。坡度会影响农作物的生长、农业园内的交通方式、地表径流的强度以及土壤的肥力。坡向会直接影响坡地气候，如日照、风向、降水等。该类型景观一般包含梯田、瀑布、台地、草坡、山林等自然风貌。

表 5-2　山地休闲农业园景观类型分析

山地景观类型	图示	实例照片	景观特点
沟谷型山地农业景观			1.地形空间围合，视线封闭 2.景观集中，呈线性分布 3.土壤肥沃，生物群落多样 4.两山之间，气候舒适

续表

山地景观类型	图示	实例照片	景观特点
坡面型山地农业景观			1.坡面视线开阔 2.景观分散，沿等高线分布 3.土地贫瘠，肥力易流失 4.气候不稳定，受坡向等影响

（四）山地休闲农业园的景观特性

1.景观垂直变化显著

山地景观受到坡度、高差等地形的影响和限制，一般沿等高线梯级分布。这就导致了随着海拔的升高，景观的风貌也会随之变化，这是平原地区无法实现的效果。首先就植物而言，随着海拔的升高，区域内的植物群落也会随之改变。其次是人工建筑的布局和走势会随着等高线而发生变化。山地建筑因地制宜、依山而建，呈现出错落的形态和丰富的层次。

2.自然资源种类繁多

山地休闲农业园的基址由于交通不够便利，人为影响相对平原地区较小。因此，自然资源保存完好、种类繁多，区域内涵盖了自然景观、半自然景观和人工景观等多种景观资源。山地的自然景观拥有野生山林、河流、各类动植物、草坡等自然资源。半人工景观是指山地农业用地，有鳞次栉比的梯田和山地果园等农业形态。人工景观包含农业园为方便农业生产和游客观光所修建的山地建筑、园林以及生产性景观等基础设施。

3.视觉层次丰富

山地环境中，山岭起伏变换、层峦叠嶂，给人以独特的视觉感受（表5-3）。从游客的视觉角度来说，凭借山地立体化的空间基础，结合多种类型的观景平台，可以为游客提供向近处观察、向远处眺望、向高处仰视、向低处俯视的多维度视觉体验。从游客的眼中景色来说，山地地形千变万化，近处有高低错落的植物，远处有若隐若现的山川轮廓。这些景色在游客眼中形成了近景、中景、远景最少三个层次，为游客带来震撼的视觉效果。

表5-3　山地环境视线分析

地形	平地	凸地	山脊	凹地	谷地
空间类型	开敞式	开敞式	半封闭式	封闭式	封闭式
平面图示					

续表

地形	平地	凸地	山脊	凹地	谷地
视线类型					

4.本土文化特色鲜明

地域文化是山地农业园打造休闲旅游产业的内核和灵感来源。山地休闲农业园拥有特色鲜明的本土文化。主要体现在具有山地属性的本土文化,和中国人自古以来"寄情山水"的传统情节。首先山地属性的本土文化是指农业园独有的山地农耕文化、山地民俗文化、民间技艺、神话传说以及历史典故等。这些都是本土居民开拓进取,在与山地环境协调发展的过程中积累的文化结晶。然后千百年来,中国人将"仁者乐山,智者乐水""采菊东篱下,悠然见南山"等寄情山水的情景画面,作为人们最理想的居住环境。[1]这种情操也是山地农业园发展休闲旅游和自然教育的内在潜力。

(五)山地休闲农业园各年龄阶段自然教育人群分析

1.人群年龄划分

我国自然教育发展到今天,已经由针对儿童转变为服务于全体国民。同时,近几年越来越多自然教育机构开设了关于成年人和老年人的自然教育课程。因此,按照年龄对这些群体进行划分,可以对人群的行为、心理特征做出较为科学的评判。本文根据世界卫生组织的年龄划分标准,结合我国实际情况,将山地休闲农业园自然教育人群划分为四个群体,分别是:儿童期(0~15岁)、青年期(16~29岁)、中年期(30~49岁)、老年期(50岁以上)。

2.各年龄阶段人群特征分析

儿童期的群体,对世界充满好奇,求知欲以及学习积极性强,同时精力充沛,喜欢运动,但是对外界的潜在危险缺乏判断力。青年人的兴趣爱好广泛,是人的一生中精力、体能达到最好水平的时候。随着阅历的增加,判断力已经基本形成,并且想象力丰富,喜欢追求个性和社交。中年期的群体看重精神与情感,心态成熟,开始关注高质量的生活状态,以及研究事物的内在价值和精神内涵,看重事物的知识性。老年人生理功能下降,对外界的反应变得迟缓,同时,随着老年人逐渐脱离社会主流,孤独影响着他们的心理健康,需要倾诉和交流(表5-4)。

---

[1] 李祖红:《论道家思想的"自然观"及其相关的教育思想》,载《滁州师专报》,2003(3),第59-62页。

表 5-4　各个年龄阶段人群特征分析

名称	年龄阶段	生理特征	心理特征
儿童	0~15岁	1.身体各方面机能发育迅速 2.精力充沛 3.身高、体重等较小	1.探索欲望浓烈，对事物好奇 2.喜欢积极主动学习新事物 3.对事物缺乏判断力
青年	16~29岁	1.身体发育完善 2.体格强健，精力旺盛	1.社交频繁，有思想，善于分享 2.兴趣爱好广泛 3.喜欢新鲜、时尚的事物
中年	30~49岁	1.身体机能开始衰退 2.体格较为强健	1.热衷于高质量的生活方式 2.心态成熟，关注内在价值
老年	50岁以上	1.身体各方面机能衰退 2.反应变慢，无法剧烈运动 3.患有老年疾病	1.不善运动，关注知识的价值 2.内心孤独，渴望社交 3.注重健康和养生

3.各年龄阶段人群需求分析

依据马斯洛需求层次理论和自然教育理念，结合当前各年龄段人群的行为特征，可以将人们在山地休闲农业园中的自然教育需求分为六种类型：安全需求、认知需求、社交需求、休闲需求、游乐运动需求和审美需求（图5-53）。

（1）安全需求。是人在大自然中活动的最基础保障，山地休闲农业园虽然地形丰富多变，但是发生在其中户外活动的安全存在一定的隐患。儿童由于生活阅历少，对户外活动的潜在危险缺乏判断力，在设计时应该重点考虑儿童的安全需求。同时，老年人行动不便，对外界事物的反应较为迟缓，所以，老年人的安全需求也需要重点关注。

（2）认知需求。指受众接受知识的需求。由于自然教育是休闲农业园的主题和核心，因此，四个年龄阶段的人群都有认知需求。在满足认知需求时，需要结合各个年龄人群的行为特征，制订相应的措施。

（3）社交需求。是对人情感上的一种认同和满足。青年人有了一定的生活阅历且精力充沛，喜欢积极主动的社交。老年人脱离社会的核心和主流，自我认同感降低，需要得到他人的关注，所以，老年人的社交需求也是设计关注的重点。

（4）休闲需求。主要包括在农业园中观景、冥想、康养度假、品尝美食等。中年人阅历丰富，生活压力大，对于生活的感悟深刻，所以，休闲需求较大。老年人身体机能衰退，关注身体健康，讲究养生，也需要满足休闲需求。

（5）游乐运动需求。指在休闲农业园中游乐探险、体能拓展、山野徒步、互动体验等。这些项目面向的是儿童、青年和中年群体。儿童天性好动，爱好玩乐。青年人精力充沛，喜欢在运动中体现自我价值。中年人有亲子活动和看护儿童的需求。

（6）审美需求。山地休闲农业园的景观需要体现乡村美、田园美和山野美，呼应农业园主题，突出景观的社会美育价值。所有年龄阶段的群体都需要审美。由于年龄的不同，喜好也会有所差异。因此，要研究不同年龄人群的偏好，分别打造各类设计风格，以满足各个群体的审美需求。

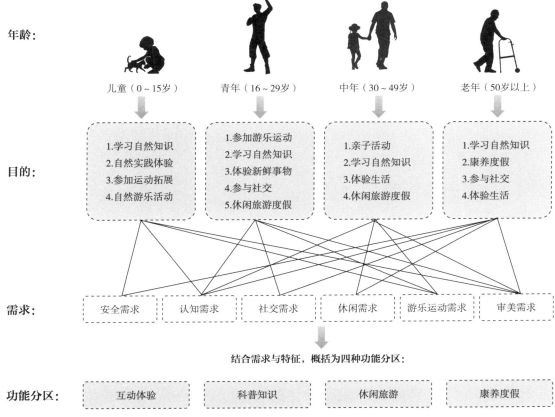

图5-53　|　各个年龄阶段人群需求分析

二、自然教育主题的山地休闲农业园景观设计策略

（一）"教育引导空间"——自然教育景观空间设计策略

优秀的景观设计，其设计理念应该贯穿前期空间布局到后期深化设计的全部过程。只有这样才能建立起主题鲜明、内涵丰富、体系完善的景观结构。因此，本文以自然教育理念为核心，结合各年龄阶段受众人群的特征和需求，挖掘山地休闲农业园的优势资源和景观特性，运用艺术化的表达方式，从功能类型、空间布局、游览路线、设计形式四个方面探讨自然教育主题的景观空间设计策略（图5-54）。

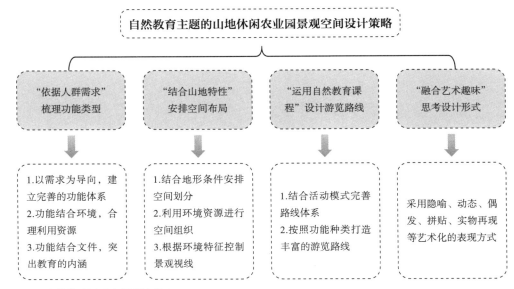

图5-54 | 自然教育景观空间设计策略

1. "依据人群需求"梳理功能类型

在山地休闲农业园中打造完善的自然教育主题景观，首先应该根据不同年龄阶段人群的需求，制定一整套相互协同联系的自然教育功能体系（表5-5）。在梳理功能和需求的同时，还需要结合山地的自然条件，因地制宜地保证功能体系的可实施性，强化功能体系的亮点和特性。最后，还应该考虑多种自然教育功能与本土文化的有机融合。自然教育功能拥有了本土文化的滋润，就可以推动教育模式和课程形式的创新，深化教育活动内涵，突出农业园自然教育景观的在地性与特性。

表 5-5　自然教育景观功能分析

功能类型	游乐运动类	互动体验类	科普知识类	休闲康养类
针对人群	儿童、青年人、成年人	儿童、青年人、成年人、老年人	儿童、青年人、成年人、老年人	儿童、青年人、成年人、老年人
具体功能	益智游戏、冒险游戏、探索游戏、体能拓展、家长看护、亲子游戏等	农耕体验、民俗体验、本土文化体验、传统工艺体验、采摘体验、农夫市集等	自然科普馆、田野课堂、自然观察站、景观展示空间、知识解说系统等	游客服务区、田野餐厅、观景设施、休息洽谈空间、自然民宿、冥想空间等

2. "结合山地特性"安排空间布局

山地休闲农业园相较于平原地区，具有地质稳定性差、地形丰富、气候恶劣、自然资源种类繁多、视觉感受震撼、本土文化特色鲜明等特性。因此，在进行景观空间的规划布局时，要趋利避害，合理利用山地环境的特性。同时，以自然教育的功能体系为引导，将自然素材、人文素材、事件素材进行有机地创造和处理。使农业园自然优势得到有效利用，农业园景观形象、意境、风格被有效地表达和呈现。山地休闲农业园景观的空间布局，应该从用地属性的合理划分、功能空间的组织、景观视线的巧妙控制三方面进行探究。

（1）结合地质条件进行空间划分。山地环境中的地质具有不稳定性，将直接影响景观方案的实施与安全，因此，在景观设计前期，就需要对项目所在的山地进行地质勘探，从而为后续的空间划分提供可靠性依据。山地环境的地质情况主要受到岩土类型、地质构造、地形地貌、山地水文四方面因素影响（表5-6）。

表5-6　地质条件对于山地景观空间划分的影响

影响因素	岩土类型	地质构造	地形地貌	山地水文
对场地的影响效果	是园区农业生产的基础，直接影响地表植物的生长以及地质灾害的发生	山地岩层或岩体的基本形态，直接影响山地地表环境的稳定性	地形地貌决定了景观空间的走势和拓展方向	分为地表径流、地下径流和土壤中流，影响山洪与山体滑坡的发生
根据影响划分场地空间	农业用地、生态保护用地、园林景观用地	稳定型、较稳定型、较不稳定型、不稳定型	平地、凸地、山脊、凹地、谷地	给排水的路径、给排水的方式

（2）利用环境资源进行空间组织。自然教育主题的农业园景观应该是一个整体，在完成园区内各类景观空间的划分后，可以运用空间序列的手法，巧妙利用周边资源，对零散的功能片区和景观进行有序的排列组合，使之成为拥有多种序列、多种组合方式的有机整体。从而为人们带来起景、发展、高潮、结景等不同阶段的景观体验，诱发人们在园区内游览的情感共鸣。

（3）根据环境特征控制景观视线。层次丰富的视觉感受是山地环境最重要的特性之一，在规划布局时就要考虑运用对视线引导、疏通和阻挡的设计手法，有效地控制场地中的视线，进而打造最精彩的视觉点。同时，屏蔽视觉上的污染，将园区内公厕、垃圾处理站等设施与游者的视线隔离开来，尽量把更多的美景呈现给游客。

3.“运用自然教育课程”设计游览路线

作为自然教育主题景观，其各类功能空间应该融入自然教育活动的全过程。在完成场地功能空间的布局后，要结合自然教育课程，开发多种契合主题的景观游线。将景观体验从“学什么”“玩什么”向“怎么学”“怎么玩”转变。从而明确园区景观的主题性，保证场地空间的有效利用。优秀的自然教育活动更加关注课程完整体系的建立，因此，在路线梳理时要重视单条路线体系的完善，和多类型游览路线的联系。

首先，要结合活动模式完善路线体系的建设。基于自然教育的模式要求，可将每条课程游览路线分为进入活动场地、建立活动目标、开展观察与体验、触发感受与认知、促进互动交往、自然能力培养、总结与引导转换。其次，按照课程种类打造丰富的游览路线。结合自然教育课程类型，可以策划出自然观察游、自然游乐游、自然体验与笔记游、自然探索游、生态休闲游等多种游览路线。

4."融合艺术趣味"思考设计形式

兴趣是最好的老师。富有趣味性的景观空间，对于所有年龄阶段的人群都具有独特的吸引力。它神秘、夸张、奇特，可以轻易俘获人们的注意力，引起观察的兴趣，激发好奇心和探索欲，增强对学习的积极性，从而使人们自发地参与到自然教育的活动中，并获得愉悦的体验感。因此，山地休闲农业园的空间营造要注重多种景观元素的艺术转化。在符合现代人的心理和审美特征的同时，强化空间艺术性、趣味性、参与性和体验性。景观空间中艺术趣味性的营造手法主要包括抽象、动态、夸张、拼贴、实物再现等。

（二）"理念融合文化"——教育理念与本土文化的融合策略

在进行自然教育主题景观设计时，还有一个重要的元素不可忽略，那就是本土文化。农业园的本土文化内涵源自农民的农业生产、精神传承和历史文脉，是农业园的景观设计的创作源泉。通过对本土文化精髓的探索和元素的挖掘、提炼以及应用，可以为自然教育活动提供源源不断的题材，促进教育和场地全面融合，从而拓宽受众综合素质培养的广度和深度。那么，自然教育理念与本土文化融合的途径主要从塑造充满本土文化意境的教育环境、建立与本土文化联系密切的活动方式、构建完善的本土文化知识体系三个方面进行思考。

1.塑造充满本土文化意境的教育环境

自然教育的实现与环境息息相关，因此，教育理念与本土文化融合，应该首先考虑空间氛围的营造。要想将本土文化在空间中有效表达，首先就要重视文化遗产景观的保护和应用。通过对遗产景观的保护、改造和重新展示，可以增强空间的文化氛围，展现场地厚重的文化内涵。其次还要探索本土文化元素的转化与表达方式。用色彩、符号、材料将文化元素进行概括和象征化处理，通过图形构成方式在空间中展现，可以强化景观的主题性与设计美感。最后要运用场景再现的方式，将历史事件、民族工艺、民风民俗等画面在空间中复原，从而以更加直观的方式让游者感受本土文化的魅力。

例如，位于巴厘岛的绿色学校，其所有教学空间都是以竹子为建筑材料，甚至栏杆、桌椅、楼梯等设施也采用竹子进行制作（图5-55）。通过营造各类造型奇特的竹构空间，让儿童感受竹工艺的魅力。

2.建立与本土文化联系密切的活动方式

课程活动是实现自然教育目标最直接的途径，因此，本土文化与课程活动建立密切联系，是教育理念与本土文化融合的重点。人们可以通过特定的本土文化实践、游戏、赏析活动，拓宽知识储备，学习传统文化，增强民族认同感，树立正确的人生观、价值观。

例如，唐山皮影乐园，将唐山"皮影"文化，融入景观空间设计。并且利用皮影的传统制

图5-55 | 巴厘岛绿色学校竹构空间与竹工艺课堂

作工艺，打造了皮影课堂、皮影戏表演等一系列文化体验活动（图5-56）。让人们在感受皮影乐趣的同时，传承中华优秀传统文化。

图5-56 | 唐山皮影乐园皮影戏表演活动与景观空间

3.构建完善的本土文化知识体系

推进自然教育理念与本土文化的融合，还要建立体系完善的本土文化教学内容。完整丰富的本土文化知识链，可以提高自然教育活动的价值和品质，帮助人们建立科学完整的知识体系，加深受众对于知识的理解。同时，还要重点打造特色精品课程内容，突出农业园自然教育的特性，增加农业园品牌辨识度，构建内涵深厚、特色鲜明的休闲农业园自然教育主题景观。

（三）"活动描绘景观"——自然教育主题景观要素设计策略

景观要素设计是将自然教育理念在景观空间中进行落实的关键步骤。通过梳理山地休闲农业园景观类型、环境优势，结合自然教育课程要求，可以把景观要素划分为自然要素、田园要素、人工要素三个类别。

1."生态野趣"自然景观要素设计

自然要素以自然教育中"倡导人亲近自然、学习自然"的理念为指导，突出"自然生态、山野情趣"的风貌特点。主要包含动植物、水体、山地环境等设计内容。

首先，山地环境是该类型农业园开展自然教育的基础。不同地区、不同产业类型的山地农业园，其景观风貌都会存在显著差异。因此，要在保护农业园自身环境的同时，结合地形特点打造富有变化、充满趣味的自然教育活动空间。其次，水体是农业园自然教育景观设计的重要内容。在进行设计时，应该从材料、环境等方面出发，保证水体景观自然、乡土的面貌。然后还要完善农业园的水体类型，给受众带来可观、可玩、可研的多重功能服务。最后，山地环境的植物种类丰富，保证了自然教育素材的丰富性，应该尽量地保留下来，并结合现状打造相应的景观空间（图5-57）。园林植物的配置要以"自然、野趣"为设计核心，根据不同的景观空间进行单独设计。

图5-57 ｜ 结合山地环境设计的自然教育空间

2."乡土风貌"田园景观要素设计

田园要素是农业园景观区别于其他景观的重要特征，要以"展现农业风情、突出乡土气息"为设计要求。主要包含农田、农具小品、农业主题活动等。

农田是山地农业园产业运行的基础，包括自然教育在内的大多数活动都在围绕农田展开。因此，农田的设计上要以保护地域田园风貌为前提，同时运用景观构筑、灯光、艺术品、声音等艺术手法，对农田进行适当改造。农业主题性活动表现了农业生产背后的内涵和文化，可以运用景观设计的场景再现、艺术转化、抽象提炼等手段，进行物化展示。农具是指在农业生产中用到的种植、养护、收获等类型的工具。在景观设计中，农具可以通过艺术化改造，设计成景观雕塑、实物展示、建筑装饰等景观元素，烘托农耕文化的氛围，体现农业园的艺术趣味（图5-58）。

图5-58 ｜ 艺术性的农业景观与体验装置

3."寓教于乐"人工景观要素设计

人工要素是直接体现自然教育功能的景观类型，具有主观性强和可控性高的优势，因此，要以受众人群的兴趣为导向，打造"寓教于乐"的自然教育景观。主要包含景观小品、游乐设施、道路铺装等。

景观小品应该围绕农业园内部的产业、文化、生物等素材进行创作，同时要兼具艺术观赏性和自然科普性（图5-59）。在设计手法上，要协调农业园的环境，尽量就地取材，并融合艺术的表现手法，展现景观小品的审美价值和景观情趣。

图5-59　|　自然科普性质的景观小品

在空间布局时，要充分结合场地的地形特征，突出山地环境中游戏设施的特点。同时，还要确保设施的安全性。在选材上，尽可能考虑就地取材。在形式设计上，要体现主题性与趣味性。在功能设计上，要根据各类人群的行为特征和需求，开发多种游戏功能。铺装是自然教育活动场地重要的组成要素。在设计时，应该通过铺装的样式和材料的变化，突出景观的主题性、趣味性和科普性（图5-60）。

图5-60　|　艺术性与体验性的铺装

三、设计实例：青杠村牧云农场自然教育景观设计

将自然教育主题山地休闲农园景观设计策略，运用于青杠村牧云农场的自然教育景观设计

中。通过设计实践，来验证设计策略的科学性，旨在为同类项目提供借鉴和参考。设计内容包括了场地现状考察、设计构思、总体布局以及各类型景观要素的深化设计。

（一）牧云农场现状分析

青杠村牧云农场地理位置优越、产业优势突出，是重庆市奉节县乡村振兴示范项目，立足"生态美、产业兴、百姓富"目标，力争打造全县"家园、果园、花园、乐园"四园标杆。该农业园位于重庆市奉节县鹤峰乡东南部的山坡之上，属山地型休闲农业园。周围交通便利，三面环水，背靠青山，自然景观十分优越。

牧云农场总占地面积80770 m²，农业园内以脐橙为基础产业，以果园梯田为主要的景观风貌。除此之外，还保留了一个面积1800 m²的人工鱼池和若干农业灌溉蓄水池，以及少量未开发的山林地带。场地的建筑元素不够统一，风格较为凌乱（表5-7）。

表 5-7　牧云农场现状分析

风貌类型	景观风貌	建筑风貌	道路状况	主要产业
现状情况	以梯田是果园为主要景观风貌，场地还保留了一个钓鱼池	场地建筑风貌混乱，有现代风格的游客接待中心，还有几处破败的老建筑	园区道路由一条运输道路和若干生产道路组成，道路坡度陡，通行不便	园区主要以脐橙果园的经营为主，同时兼营一些规模较小的休闲农业
现场照片				

场地坐落在北高南低的坡地上，总高差为120 m，平均坡度为30%，地形陡峭，安全隐患较大。场地内的景观路线主要以一条环绕园区的运输道路，和五条台阶式的生产道路为主。道路简陋，路线形式单一，游客在农业园内的通达性和体验性不佳。

（二）场地资源分析

1.文化资源——"诗城"文化

奉节古称夔州，今誉"诗城"。千百年来，文人墨客慕名而至，李白、杜甫、白居易、刘禹锡、苏轼、陆游等历代诗人名家，在奉节留下万余首诗歌绝唱。仅《夔州诗全集》就收录了742位诗人的4464首作品。例如，李白的"朝辞白帝彩云间，千里江陵一日还"，还有田园诗人王维的"际晓投巴峡，馀春忆帝京"等诗句，都是对奉节风土人情的真挚赞美。

2.产业资源——"诗橙"文化

牧云农场以脐橙为主要产业，园区土壤富含钾、硒等微量元素。生产的脐橙品质优美，荣获农业农村部优质水果、中国国际农业博览会金奖等荣誉。脐橙又被称为"诗橙"。在历史上有多位诗人用诗歌来赞美脐橙，例如，杜甫的"园柑长成时，三寸如黄金"，还有曾巩的"家林香橙有两树，根缠铁钮凌坡陀"等，都是对"诗橙"优良品质的真实写照。

3.自然资源——水墨原乡，两河交汇

项目场地山水交融，近观有两河交汇，远眺有层峦叠嶂。位于三面环水的山坡之上，视线开阔，自然景观资源丰富。从农业园内可以看到烟雾缭绕的江面，若隐若现的山川，耸立天际的绝壁，以及万山红遍、层林尽染的三峡红枫美景。园区内地形变化多样，梯田、溪流、池塘、坡地等自然景观资源丰富，视觉体验十分震撼。场地气候舒爽，生态保护良好，物种繁多。金黄的脐橙与山水相互掩映，处处入画，给人们带来畅游山水的诗情野趣。

（三）设计思路

1.设计理念

牧云农场景观设计以自然教育理念为指导，以山地农耕文明为背景，以诗词文化为线索，串联教育功能和景观空间，强化园区内多个产业之间的联系，突出景观空间的主题性。同时，巧妙利用山地农业园中的梯田、山坡、沟谷等特色地形，丰富景观道路形式，增加空间趣味性和体验性。从而打造具有山地特性，以及在地性和文化性强，可以促进受众人群全面健康发展的自然教育主题景观。

2.主题定位

农业园以"诗和橙"为主题，以果园农业为基础，以"一二三产业融合"为路径，以"奉节诗文化"为灵魂，以"充满山地特点的自然教育活动"为核心卖点，以艺术介入为能量。通过挖掘和营造诗词中的田园意境，表现"诗橙"诗画特征，构建"诗为线索，橙为载体"的山地休闲农业园自然教育主题景观。

3.设计策略

（1）"在诗词中教育，在果园中实践"推动教育理念与诗词文化融合。牧云农场全面整理历史上描写脐橙和奉节的诗词，并深刻挖掘诗词文化内涵，运用隐喻、再现、拼贴等艺术形式演绎诗词精神。通过将诗词与自然教育课程内容、活动方式的全面融合，打造充满诗词气质和特点的自然教育活动。

（2）"以诗为线索，以橙为载体"营造自然教育空间意境。项目以诗词为线索，联系和安排空间结构和空间走向。以橙为承接文化、教育、休闲功能的载体。同时将诗词意向提炼转化为画卷、文字、书法、农耕节气等形式，把橙的形态和色彩概括延展为圆形、黄色系、月亮等

形象。通过"诗"和"橙"两种元素的融合，营造教育空间的诗画意境。

（3）"古今融合"思考景观艺术形式。项目运用"古今融合"的思路，在景观形式上考虑融入奉节地区传统建筑形式和景观风貌，体现方案的在地性。同时，在传统风格的基础上，运用现代的艺术表现形式，对本土建筑和景观进行创新，为传统建筑和乡土景观增添活力，突出农业园景观的时代性，迎合现代人的审美，打造兼具本土文化内涵和现代时尚气息的景观空间。

（四）总体设计

1. 整体布局

项目通过自然教育理念的引导，融合"诗词"文化内涵，结合山地农业园景观特性，将场地划分为"采橙而食"农耕体验区、"览橙而思"自然科普区、"绕橙而乐"游乐活动区、"望橙而居"休闲康养区（图5-61）。

图5-61 ｜ 牧云农场主题区域和产业模式

"采橙而食"农耕体验区以果实种植栽培体验、鲜橙采摘为核心功能。包含了共享果蔬园、农夫市集、脐橙采摘园等节点，是为受众提供果树培育知识、农耕文化体验的区域。

"览橙而思"自然科普区以向人们传递脐橙科学知识为核心功能，包含了诗橙科普馆、山林课堂和诗橙工坊。运用趣味生动的空间形式，让人们从微观元素到个体植株，再到橙子的延伸产品，全方位地了解脐橙的知识。

"绕橙而乐"游乐活动区以游乐为核心功能，包含了诗橙绿乐园、探索园、高山流水垂钓区等区域。可以让儿童和成年人在娱乐中潜移默化地学习诗橙文化，强化身体素质，促进儿童全面发展。

"望橙而居"休闲康养区以游客休闲度假为核心，包含游客接待中心、诗橙瞭望塔、诗橙文化长廊等，是为家长和儿童提供休闲观景、康养度假的区域（图5-62）。

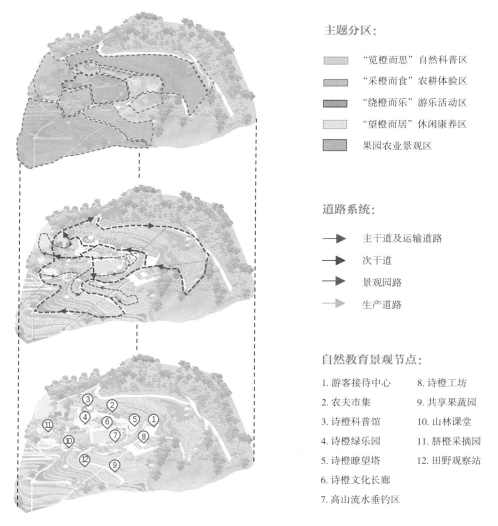

主题分区：

- "览橙而思"自然科普区
- "采橙而食"农耕体验区
- "绕橙而乐"游乐活动区
- "望橙而居"休闲康养区
- 果园农业景观区

道路系统：

- 主干道及运输道路
- 次干道
- 景观园路
- 生产道路

自然教育景观节点：

1. 游客接待中心　　8. 诗橙工坊
2. 农夫市集　　　　9. 共享果蔬园
3. 诗橙科普馆　　　10. 山林课堂
4. 诗橙绿乐园　　　11. 脐橙采摘园
5. 诗橙瞭望塔　　　12. 田野观察站
6. 诗橙文化长廊
7. 高山流水垂钓区

图5-62 | 牧云农场平面拆分图

2."采橙而食"——体验性景观设计

（1）农夫市集。将场地当中原有的夯土老建筑两个面打开，形成通透的半开放空间。同时运用新的钢结构形式重新改良了屋顶，并结合农夫草帽形象，融合文字元素打造农夫市集的入口空间（图5-63）。

图5-63 ｜ 农夫市集主入口区域效果图

同时，延伸加建了部分廊下区域，拓展了市集的使用面积。农夫市集由固定摊位区、移动摊位区、游客休息区三部分组成。在空间中采用书法灯笼、果篮、互动算盘装置、"诗词画卷"雕塑、"九章算术"趣味浮雕、木构等元素，营造具有艺术情趣和诗词意境的农夫市集（图5-64）。

（2）共享果蔬园。在场地原有果园梯田的基础之上，以统一的单位面积进行分割，来为受众提供菜园租赁、脐橙种植体验、果蔬病虫害科普等一系列体验性服务。在果蔬园的建造材料方面，采用场地附近的竹子、原木、块石、篱笆等，体现该节点的乡土气息，并且在农田的生产道路旁，设置了若干休息空间。该休息空间由竹棚、木平台、农耕互动装置组成。受众在休息的时候，可以体验景观装置带来的乐趣，感受农耕文化的魅力。

图5-64 ｜ 农夫市集摊位区与休息区效果图

（3）脐橙采摘园。是牧云农场专门开辟的供游客采摘脐橙的功能区。采摘园内通过规划由多种自然材质组成的趣味步道，来增加景观的趣味性和探索性。同时，在采摘园中还放置了卡通橙子形象雕塑、诗词元素艺术装置，增强采摘环境的艺术性，为游客提供拍照打卡的纪念设施（图5-65）。

3."览橙而思"——科普性景观设计

（1）诗橙科普馆。以果园农夫的草帽为设计灵感，采用中空透光的钢结构屋顶和两层弧形楼梯组成（图5-66）。整体空间布局为圆形，通过流畅的弧形线条分割出通行空间、过渡空间、

图5-65 | 共享果蔬园与脐橙采摘园效果图

图5-66 | 诗橙科普馆主入口效果图

图5-67 | 诗橙科普馆内部展陈空间效果图

展陈空间、中庭等（图5-67）。

　　整个科普馆由脐橙农业科普、脐橙诗词科普、脐橙微观元素科普三个主题区域组成。运用互动体验、诗词画卷等形式，生动活泼地向受众展示脐橙知识。

　　（2）山林课堂。是位于树林中的户外露天课堂。凭借坡地地形设计了两个高低错落的听众席和一个表演席（图5-68）。整体布局呈环状，并通过园路连接保证通达性。山林课堂以防腐木为主要材料。同时，场地中间用树桩、圆木设计了一些散座，增加听众就座的自由度。山林课堂既可以当作自然教育的活动基地，也可以用来举办森林音乐会等节目，功能较为灵活。

4."绕橙而乐"——游乐性景观设计

　　（1）诗橙绿乐园。以诗橙科普馆的观景平台为基础，凭借山地地形，设置了旋转大滑梯、悬空攀爬网、攀岩墙、素质拓展坡、林地探索洞等项目（图5-69）。各个游乐项目的面积较大，可以满足儿童和青年的游乐运动需求。

　　在绿乐园旁边设置了休闲长廊，可以为家长提供看护儿童的休息区。在材料和结构上，以钢木结构为主，保证游乐设施的可靠性和安

图5-68 | 山林课堂效果图

图5-69 | 诗橙绿乐园局部活动项目效果图

全性，同时，运用彩虹的七种颜色，增添场地的活力。

（2）高山流水垂钓区。是在场地原有的钓鱼池基础上进行改造，主要为了满足中老年人的休闲娱乐需求。钓鱼池深3 m，面积1800 m²，场地四周用钢筋混凝土浇筑了池壁。方案运用堆山叠石的设计手法，打破了原始鱼池生硬的边界，营造了高山、跌瀑的主景观（图5-70）。同时结合鱼池周边情况，打造休闲垂钓平台、荷花种植区、休闲亭等空间。

图5-70 | 高山流水垂钓区效果图

5. "望橙而居"——休闲性景观设计

（1）游客接待中心。在原有服务区楼房的基础上，采用钢结构长廊营造灰空间，拓展建筑功能区域。并将原有的楼房平屋顶改为坡屋顶，统一建筑风貌，增加屋顶休闲空间。同时，运用当地传统的老旧窗板，结合诗词元素，通过大量重复拼合的艺术形式，对外立面进行改造。强化游客接待中心的艺术性和主题性。

（2）诗橙瞭望塔。位于游客接待中心附近的山坡上，视线开阔，可以欣赏农业园全域风光，以及远处的江景和峡谷景色。整体设计运用书卷形态的白色冲孔板，结合诗词文字与灯笼，展现瞭望塔的主题性和诗意朦胧的气质（图5-71）。该构筑采用木构的形式，融入场地景观风貌，体现生态性。在外立面上，采用橙子形态进行开窗，增加瞭望塔的趣味性，展示农业

图5-71 ｜ 诗橙瞭望塔效果图

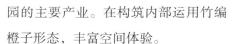

园的主要产业。在构筑内部运用竹编橙子形态，丰富空间体验。

（3）诗橙文化长廊。凭借高山流水垂钓区的水景，打造游客休闲洽谈空间。在结构上采用川渝地区特有的穿斗式结构，保证长廊在地性和文化性（图5-72）。

长廊巧妙利用地形，将空间划分为四个阶梯，通过高差和墙体变化丰富长廊的流线。长廊内部空间运用橙子、灯笼、月亮门、诗集、文字、书卷、画屏、地面浮雕等元素，营造充满诗情画意的廊下休闲空间（图5-73）。

（五）设计创新点

首先"以诗为线索，以橙为载体"，用本土文化引导景观空间布局。通过对诗词意境的提炼和演绎，将景观分为"食、思、乐、居"四个主题区域，并运用文字、诗词、画卷等元素和符号，将四个区域串联，形成思路清晰、相互协同联系的景观空间布

图5-72 ｜ 诗橙文化长廊外立面效果图

图5-73 ｜ 诗橙文化长廊内部空间效果图

局。其次"挖掘诗词田园意境，打造诗橙诗画特征"，将自然教育理念与本土文化进行融合。参照诗词描写的场景画面，结合场地果园环境，构建自然教育的活动空间，并依托山地果园一系列农耕文化，打造多种具有本土特色的实践和体验活动以及内涵丰富的科普内容。最后采用"古今融合"的设计形式，满足各年龄阶段人群的审美需求。采用隐喻、动态、拼贴等现代艺术手法，和乡土化的建造材料，展现建筑空间的时代性和乡土性，以及与周围环境的协调性。

四、结论与展望

（一）研究结论

当前我国的自然教育正朝着体系化、全龄化快速增加。依托山地休闲农业园打造自然教育景观，既可以拓宽自然教育活动的平台和思路，又可以优化山地休闲农业园的产业结构，增加农业园的经济效益。本章结合自然教育的内涵和山地休闲农业园的景观特点，通过文献研究法、案例分析法等研究方法，总结出以自然教育理念为引导，满足全龄化教育需求的山地休闲农业园景观设计策略。同时，以奉节县青杠村牧云农场项目为例，进行设计实践，验证设计策略的可实施性。最后综合以上研究过程，得出以下结论。

首先，景观空间的设计要以自然教育为核心，以本土文化为线索，并从功能类型、空间布局、游览路线、设计形式四个方面依次考虑。其次，要通过空间意境营造、教育活动方式、科普知识内容三个层次，将自然教育理念与本土文化融合，强化自然教育的内在价值。最后，以生态野趣、乡土风貌、寓教于乐为指导思想，对各类景观要素进行深化设计。

（二）不足与展望

目前，将自然教育与山地休闲农业园进行有机融合的设计案例和文献较少，可以用来参考的相关理论和实践研究不多。作者本人的能力有限，因此，本章对于山地休闲农业园自然教育景观设计体系构建，还处于初级阶段，且本文受设计实践场地特性影响，使研究成果不具备普适性，还需要后续研究者在相关理论探索上提出更多的方向和见解。

随着自然教育和景观场所结合的实践和研究越来越多，期待更多的学者参与相关理论的探索。让自然教育进入全民大众的生活，丰富自然教育的活动方式，强化自然教育的在地性，促进我国自然教育理论体系多元化发展。同时在乡村振兴的背景下，通过挖掘山地休闲农业园的教育价值，可以促进山地农业的转型升级，推动该类型农业园的可持续更新。

参考文献

[1] 郝大鹏，刘贺玮，杨逸舟. 造屋：图说中国传统村落民居营建[M]. 北京：生活·读书·新知三联书店，2019.

[2] 詹和平. 空间[M]. 南京：东南大学出版社，2011.

[3] 刘新，张军，钟芳. 可持续设计[M]. 北京：清华大学出版社，2022.

[4] 吴良镛. 北京旧城与菊儿胡同[M]. 北京：中国建筑工业出版社，1994.

[5] 段进，季松，王海宁. 城镇空间解析[M]. 北京：中国建筑工业出版社，2022.

[6] 周维权. 中国古典园林史[M]. 北京：清华大学出版社，1999.

[7] 高云庭. 觉筑生生——可持续建筑的人道主义[M]. 南京：东南大学出版社，2021.

[8] 杨吟兵. 意·空间——景观设计教育学与行[M]. 北京：人民教育出版社，2020.

[9]原雪琴，袁去病. 把天赋还给孩子：自然教育辅导手记[M]. 北京：中国妇女出版社，2010.

内 容 提 要

"形"是物质表象的基础，与空间的形成、表达、创新等关系密切。本书从"形"的视角入手，详细阐述了"形"的多重概念与意义，结合形状、形态、形境三个层次，逐一探讨了环境空间从二维到三维再到四维的形式演变与内涵表达。全书图文并茂、内容丰富。本书在介绍或表达相关观点和理论的同时，融入了大量国内外优秀案例，以便读者观览与理解。

本书具有较高的学习和研究价值，不仅适合高等院校建筑学和设计学专业（包括建筑设计、室内设计、景观设计、园林设计、视觉传达设计、公共艺术设计等）师生学习，也可供相关从业人员、研究者、空间爱好者阅读与参考。

图书在版编目（CIP）数据

形·空间：人居环境空间设计 / 杨吟兵，方凯伦著
. -- 北京：中国纺织出版社有限公司，2024.1
ISBN 978-7-5229-1113-7

Ⅰ．①形…　Ⅱ．①杨…　②方…　Ⅲ．①环境设计－研究　Ⅳ．①TU-856

中国国家版本馆 CIP 数据核字（2023）第 194704 号

责任编辑：李春奕　　责任校对：高　涵　　责任印制：王艳丽

中国纺织出版社有限公司出版发行
地址：北京市朝阳区百子湾东里 A407 号楼　邮政编码：100124
销售电话：010—67004422　传真：010—87155801
http://www.c-textilep.com
中国纺织出版社天猫旗舰店
官方微博 http://weibo.com/2119887771
北京华联印刷有限公司印刷　各地新华书店经销
2024 年 1 月第 1 版第 1 次印刷
开本：889×1194　1/16　印张：11
字数：170 千字　定价：128.00 元